싱그러운 초록의 향기 · 즐겁고 유익한 허브 체험

싱그러운 초록의 향기 · 즐겁고 유익한 허브 체험

허브
Herb

첫판 1쇄 인쇄 1998년 3월 5일
첫판 6쇄 발행 2008년 4월 22일
재판 1쇄 발행 2012년 3월 20일

글·사진 조태동

발행인 김남석
편집이사 김정옥
디자이너 임세희
전 무 정만성
영업부장 이현석

발행처 (주)대원사
135-231 서울시 강남구 일원동 640-2
전화 (02)757-6711(대)
팩스 (02)775-8043
등록번호 제 3-191호
홈페이지 http//:www.daewonsa.co.kr

ⒸDaewonsa Publishing Co., Ltd.
  Printed in Korea.(1998)

값 10,500원

ISBN 978-89-369-0940-6

허브

대원사

즐겁고 유익한 허브 체험

1989년 일본 유학 당시 나는 우연히 접하게 된 허브라는 생소한 단어에 매우 커다란 호기심과 의문을 가졌다. 유학 생활이 어느 정도 안정된 후 허브가 무엇인가 조사하여 보니 '향이 있으며 인간에게 유용한 식물의 총칭'임을 알았다. 또 학부 재학 당시 조경사(造景史)를 배울 때 중세시대 수도원의 약초원에 대하여 궁금하였는데 그 약초원이 곧 허브원임을 비로소 알았다.

그뒤 허브에 대한 문헌과 허브를 이용한 관광농원·허브샵·허브스쿨에 관하여 현지조사를 하였다. 그런데 일본의 가와구치코(河口湖町)에서는 '라벤더'라는 허브를 이용, 약 20일 동안 페스티벌을 개최하여 그 수익금이 약 230여 억 원에 달하고 있다는 사실에 경이로움을 금치 못하였다.

1995년 3월 학위를 받고 귀국한 후 충북개발연구원 지역개발부에서 허브에 관한 연구를 계속 진행하였다. 당시 충청북도의 주병덕 지사께서는 농촌 경제에 무엇보다도 깊은 관심을 가지고 계셨는데 이러한 선진국의 허브 산업에 대한 보고와 충북에 도입할 것을 건의하였다. 검토 후 사업에 착수하여 1997년 충북 도내 5군데의 대상지를 선정, 허브원을 조성하여 허브에 대한 도민의 의식 전환과 정서 함양에 힘쓰게 되었다.

한편 국내에는 허브의 관광농원 형태와 분화용 판매, 전문 허브샵이 소규모로 서서히 생겨나기 시작하였다. 이러한 사실은 TV, 신문, 잡지 등 매스컴을 통하여 허브 산업의 붐을 가속화시켰으나 일반인이 허브에 관련한 지식과 정보를 얻을 수 있는 전문 서적은 아주 미흡한 실정이었다.

　필자는 허브에 관련한 논문을 국내 최초로 여러 편 발표하였는데 주로 허브를 이용한 지역 계획으로서 전문 학회지에 발표되었으므로 일반인이 이해하기 어려우며 접하기도 쉽지 않았다.

　이에 따라 그동안 허브에 관련한 보고서, 논문 및 자료를 쉽게 정리하고 유럽과 일본의 현지에서 조사한 허브 관광지, 공원 등의 허브 소재를 소개하여 일반인들이 쉽게 이해할 수 있도록 책으로 출판하게 되었다.

　여기에 소개하는 허브 30종은 조경 소재를 비롯하여 허브 가든이나 허브 티 가든, 베란다 허브 가든, 컨테이너 가든 등에 모두 활용할 수 있다. 한편 꽃, 잎, 줄기, 종자, 뿌리 등을 약, 미용, 차, 요리, 염색, 인테리어 등 가정에서 손쉽고 다양하게 응용할 수 있다.

　선진 외국이나 각 분야별 전문가들에 비해 아직 많은 부분이 미흡하지만 허브에 대한 전반적인 이해와 활용에 그 의의를 두고자 한다. 아무쪼록 이 책이 허브를 이용한 즐거움과 유익한 허브 체험에 도움이 되었으면 한다.

　책이 완성되기까지 도움을 준 허브 · 아로마연구소의 정정섭 · 홍영록 연구원에게 감사하며 그림과 구성, 원고 편집을 맡아준 정인희 연구원에게 심심한 감사를 표한다.

1998년 2월

조 태 동

차 례

즐겁고 유익한 허브 체험

허브 이야기

쓰임새 많은 허브

초록 향기 나는 허브들

부 록

참고 문헌

허브 이야기

향과 약초를 뜻하는 허브

인간은 오래 전부터 풀과 열매를 식량이나 치료 약 등에 다양하게 이용하여 왔는데 점차 생활의 지혜를 얻으면서 인간에게 유용하고 특별한 식물을 구별하여 사용하기 시작하였다. 이러한 식물 가운데 가장 대표적인 것이 허브(Herb)라고 할 수 있다.

허브는 푸른 풀을 의미하는 라틴어 '허바(Herba)'에 어원을 두고 있는데 고대 국가에서는 향과 약초라는 뜻으로 이 말을 썼다. 기원전 4세기경의 그리스 학자인 데오프라스토스(Theophrastos)는 식물을 교목, 관목, 초본으로 나누면서 처음 허브라는 말을 사용하였다. 현대에 와서는 '꽃과 종자, 줄기, 잎, 뿌리 등이 약, 요리, 향료, 살균, 살충 등에 사용되는 인간에게 유용한 모든 초본식물과 목본식물'을 허브라고 한다.

『옥스퍼드 영어사전』에는 '잎이나 줄기가 식용과 약용으로 쓰이거나 향과 향미(香味)로 이용되는 식물'을 허브로 정의하고 있다. 다시 말하면 허브는 '향이 있으면서 인간에게 유용한 식물'이라고 정의할 수 있다.

원산지가 주로 유럽, 지중해 연안, 서남아시아 등인 라벤더(Lavender), 로즈메리(Rosemary), 세이지(Sage), 타임(Thyme), 페퍼민트(Pepper mint), 오레가노(Oregano), 레몬밤(Lemon balm)뿐만 아니라 우리 조상들이 단오날에 머리를 감는 데 쓰던

창포와 양념으로 빼놓을 수 없는 마늘, 파, 고추 그리고 민간 요법에 쓰이던 쑥, 익모초, 결명자 등을 모두 허브라고 할 수 있다.

지구상에 자생하면서 유익하게 이용되는 허브는 꿀풀과, 지치과, 국화과, 미나리과, 백합과 등 약 2,500종 이상이 있으며 관상, 약용, 미용, 요리, 염료 등에 다양하게 활용되고 있다.

허브의 역사

허브는 고대인들에게 약초로서 큰 힘을 발휘하였다. 중국과 바빌로니아에서는 기원전 5,000년경부터 허브를 사용하였으며 이집트에서도 기원전 3,000년경에, 기원전 2,500년의 아시리아의 점토판에는 250종의 허브를 사용하였다는 사실을 역사적 기록을 통해 알 수 있다.

이집트에서는 미라를 만들 때 부패를 막고 초향(焦香)을 유지하기 위해 많은 스파이스(spice)와 허브를 사용하였다. 당시 무덤에서 발견된 파피루스에는 식물의 치료 효과에 대한 기록이 남아 있는데 펜넬(Fennel)이 시안액으로 눈에 좋다고 기록되어 있다.

또한 허브의 향을 이용하여 아픈 곳을 치료할 수 있다고 믿어 경애와 숭배의 대상으로 삼기도 하였다. 인도에서는

로즈메리
중세 사람들은
로즈메리의 산뜻하고
강한 향으로 악귀를
물리칠 수 있다고
믿었다.

홀리바질(Holly basil)을 힌두교의 크리슈나신과 비슈누신에게 봉헌하는 신성한 허브로 여겼는데 힌두교의 성스러운 허브라는 뜻으로 '툴라시(Tulasi)'라고 하였다. 현재에도 이 허브가 '천국으로 가는 문을 연다'고 믿어 죽은 사람 가슴에 홀리바질 잎을 놓아둔다.

한편 메소포타미아에서 출토된 점토판에는 인간에게 유용한 식물의 목록이 새겨져 있으며, 고대 로마시대의 학자 디오스코리데스(Dioscorides)가 A.D. 1세기에 저술한 약학, 의학, 식물학의 원전인 『약물지(藥物誌)』에는 600여 종의 허브가 적혀 있다.

'의술의 아버지'라고 불리는 히포크라테스(Hippocrates)는 그의 저서에 400여 종의 약초를 수록하였는데 특히 타라곤(Tarragon)을 뱀과 미친 개에게 물렸을 때 사용하는 약초로 기록하였다.

중세 사람들은 치커리(Chicory)를 학질(말라리아)이나 간장병을 고치는 약초로, 로즈

레몬향이 꿀벌을
끌어들이기 때문에
그리스시대부터
밀원 식물로
중요하게 재배되었고
방향 요법에
이용되었다.
레몬밤

허브를 채집, 연구하는 중세 사람들
중세 사람들은 허브를 약초로 여겼으나 점점
사치 용품으로 발전하기 시작하여 향 마사지,
향 목욕을 위해 사용되었다.

메리를 산뜻하고 강한 향을 이용하여 악귀를 물리치는 신성한 힘을 가진 허브로 여겼다. 특히 로즈메리는 두통에 뛰어난 치료 효과가 있고 그 향은 집중력과 기억력 증진에 좋다고 기록하였다.

12세기경의 약제사이자 식물학자였던 허벌리스트(Herbalist)들이 저술한 식물지 『허벌(Herbal)』은 동양의 『본초강목(本草綱目)』과 같은 것으로 각종 약초가 그림으로 잘 나타나 있으며 약효에 대해 상세히 기록하고 있다. 특히 허벌리스트 존 제라드(John Gerard)가 1597년에 저술한 『식물의 이야기(The Herbal of General History of Plants)』는 오늘날까지 허브의 역사를 전하는 귀중한 자료가 되고 있다.

한편 약용으로 이용되던 허브는 점점 사치 용품으로 발전하기 시작하여 향 마사지, 향 목욕을 위해 사용되기도 하였다. 고대 로마인들이 유럽 전역을 지배하게 된 다음부터는 지중해 연안에서 유럽 각지로 허브가 확산되었고 '아로마테라피(Aromatherapy)'라는 방향(芳香) 요법이 정착되었다.

또한 중세의 수도원에서는 정원에 약용 식물, 과수류와 함께 허브를 재배하였는데 이것이 허브 가든의 시초라고 할 수 있다.

허브 가든은 처음에는 단순히 실용 목적이던 것이 점차 보고 체험하기 위한 '플라워 가든(flower garden)'이나 식용을 목적으로 한 '키친 가든(kichen garden)'으로 세분화되었고 뒤에는 식물원인 '보태니컬 가든(botanical garden)'으로 발전하였다.

이렇듯 기원전 유럽의 고대 국가에서부터 이용되기 시작한 허브는 현대의 선진국 여러 나라에서도 약효, 건강, 미용, 방향, 장식품 등으로 다양하게 생활에 이용되고 있으며 최근에는 우리나라에서도 자주 접할 수 있게 되었다.

로즈제라늄을 이용한 꽃꽂이

허브의 특성

허브는 기본적으로 생육이 매우 강하여 어느 곳에서나 무리 없이 잘 자라지만 대부분이 양지바른 곳을 좋아하며 통풍과 보습성, 배수성이 양호하고 유기질이 많은 토양에서 잘 자란다. 그러므로 넓은 노지나 상록수와 낙엽수가 어우러진 정원 등 어느 장소이든지 일조와 배수가 잘 되는지를 고려하여 심을 장소를 선정하는 것이 중요하다.

허브를 잘 기르기 위해서는 우선 허브의 특성을 알아야 한다. 각각의 특성에 따라 허브를 분류해 보면 다음과 같다.

· 고온에서 잘 발아하는 허브 : 바질(Basil), 세이지, 타임, 민트(Mint), 라벤더, 루(Rue), 레몬그래스(Lemon grass), 타라곤, 마조람(Marjoram), 로즈메리, 차이브(Chive) 등.

· 추위에 강해 직파하는 것이 좋은 허브 : 차빌(Chervil), 딜(Dill), 캐모마일(Chamomile), 안젤리카(Angelica), 로켓(Rocket), 코리안더(Coriander), 댄더라이온(Dandelion), 치커리 등.

· 춘화(휴면하고 있는 씨앗이 저온이 적당하게 되어 발아를 개시하는 것)하는 허브 : 안젤리카, 스위트바이올렛(Sweet violet), 로즈(Rose) 등.

· 발아에 빛이 필요한 허브 : 바질, 민트, 차빌, 야로우(Yarrow), 딜 등.

· 빛이 있으면 발아가 힘든 허브 : 차이브, 로켓, 머스터드(Mustard) 등.

양지바르고 유기질이 많이 포함된 비옥한 토양을 좋아한다.
보리지

· 여름에 잠시 휴면하는 허브 : 타라곤, 차이브, 마조람, 페퍼민트 등.

· 휴면이 짧은 허브 : 차빌, 캐모마일, 딜 등.(백합과의 종자는 일년 이상 지나면 발아력이 반감한다.)

· 휴면이 긴 허브 : 콩과, 수련과의 허브는 보존 상태가 좋으면 100년이 지난 뒤에도 발아하는 것으로 알려져 있다.

· 습기에 약한 허브 : 로즈메리, 라벤더, 타임, 타라곤 등.

· 화분에 기르는 허브 : 오레가노, 타임, 라벤더, 제라늄, 스위트 바이올렛 등.

· 가을에 뿌리를 움직이지 않는 것이 좋은 허브 : 로즈메리, 라벤더, 레몬그래스, 타라곤 등.

· 3월 상순에서 하순에 포기나누기 하는 것이 좋은 허브 : 타라곤, 타임, 치커리, 차이브, 히솝(Hyssop), 레몬그래스 등.

· 늘 푸른 허브 : 라벤더, 로즈메리, 타임, 히솝, 베이, 자스민, 주니퍼 등.

· 음지와 반음지에서 생육이 좋은 허브 : 레몬밤, 민트, 베르가
모트(Bergamot), 세인트존스워트(St. John's wort), 스위트바이올
렛, 안젤리카, 야로우, 제라늄(geranium), 차빌 등.

· 노지에서 월동이 가능한 허브 : 라벤더히드코트, 캐모마일,
레몬밤, 오레가노, 페퍼민트, 스피아민트(Spear mint), 베르가모
트, 안젤리카, 탄지(Tansy), 히숍, 타임, 세이지(불가능한 종류도
있음), 야로우, 디기타리스(Digitalis), 루, 타라곤, 펜넬, 세이보리
(Savory), 엘리캠페인(Elecampane), 린덴(Linden), 캣트닙
(Catnip), 산토리나(Santolina), 피버퓨(Feverfew), 세인트존스워
트, 소프워트(Soapwort), 머스크말로우(Musk mallow), 엘더
(Elder), 치커리, 소렐(Sorrel), 댄더라이온, 샐러드버넷(Salad
burnet), 차이브, 보리지(Borage), 차빌 등.

허브를 잘 기르려면

허브를 직접 재배하고자 하면 우선 어느 용도로 이용할 것인가를 정하여야 한다. 그리고 월동 여부, 꽃의 개화기와 색깔, 토양은 잘 맞는지 등 각각의 특성을 파악하여 알맞은 환경을 조성하여야 한다.

초보자는 필요한 만큼의 묘목을 구입하여 재배하는 것이 좋은데 그 이유는 씨를 뿌렸을 때는 발아율이 나쁜 것도 있으며 경험 부족으로 실패의 위험성이 따르기 때문이다. 다만 허브를 파종하여 재배하면 개개의 특징을 파악할 수 있고 경제적인 면에서 이점도 있다.

허브류에서 특히 세이지, 센티드제라늄(Scented geranium), 타임, 바질, 민트, 라벤더, 로즈, 로즈메리 등의 품종은 발아율이 낮고 잡종이 많으므로 신용 있는 전문점에서 종자를 구입하는 것이 바람직하다.

묘목으로 구입한 허브를 가든이나 화분에 재배하고자 할 때에는 비닐포트에 담긴 허브를 꺼내 뿌리를 조금 풀어서 미리 파놓은 구멍에 뿌리를 펴서 심는다. 묘판(苗板) 등에 파종했던 묘는 뿌리가 잘려 나가지 않도록 주의하여 뽑아내서 너무 깊거나 얕지 않게 심는다.

허브 가든을 꾸밀 때에는 미리 허브가 성장하였을 때의 길이나

뿌리의 크기를 계산하여 심을 장소를 선택하는 것이 중요하다. 예를 들어 펜넬은 2, 3년이 되면 줄기가 1.5~2미터, 뿌리퍼짐이 1미터 이상이 되고 타임은 줄기가 30센티미터 정도이므로 이러한 특성을 고려하여야 한다.

허브를 심을 때 특히 통풍에 주의하여야 하는데 통풍이 나쁘면 줄기나 뿌리가 썩어 병충해나 웃자람[徒長]의 원인이 되기 때문이다. 다시 말하면 적당한 배수와 보습력, 충분한 산소와 양분이 포함된 토양을 선택하고 산성 토양은 되도록이면 피해야 한다.

라벤더나 타임, 로즈메리, 세이지 등의 허브는 특히 배수에 유의하는데 높은 이랑이나 골을 깊게 파주면 습기 차는 것을 막을 수 있다. 또 용기에 재배할 때 수분을 좋아하는 오레가노, 민트류, 레몬밤 등은 아침저녁에 용기 밑바닥까지 흐를 정도로 물을 흠뻑 주어야 하나 습기를 싫어하는 라벤더, 로즈메리, 타임 등은 용기의 흙을 만져 보아 건조해졌을 때만 물을 준다. 단, 어느 허브나 배수 상태가 나쁘면 물이 괴어서 뿌리가 썩기 쉬우므로 조심하여야 한다.

허브를 튼튼하게 기르는 요령은 조금 건조한 듯하게 기르는 것이 좋지만 무엇보다 중요한 것은 허브에 대한 깊은 애정과 끊임없는 관심이다.

파 종

파종은 묘판에 하는 방법과 노지에 직접 하는 방법이 있으므로 사전에 허브의 특성을 파악하여 효율적으로 한다. 대부분 큰 종자는 발아율이 좋은 반면 이식(移植)을 싫어하기 때문에 용토를 넣은 비닐포트에 직접 심는 것이 좋고, 캐모마일이나 민트처럼 작은 종자일 경우에 이식 문제는 없으나 파종할 때 한 군데로 몰리지 않도록 주의하여야 한다. 그것은 묘목을 이식할 때 뿌리가 엉켜서 상하는 경우가 있기 때문이다.

종자를 고르게 파종하기 위해서는 알맞은 종이를 반으로 접어 거기에 종자를 넣고 종이를 조금씩 두드려서 고르게 뿌리는 방법과 모래에 종자를 섞어서 묘판에 직접 심는 방법이 있다. 직파에는 줄심기, 뿌려심기, 점심기 등이 있지만 종류에 따라서 방법을 바꾸어 준다. 일정한 기간과 간격을 두고 파종하면 순차적으로 수확할 수 있는 이점도 있다. 한 개의 묘판에 여러 종류의 종자를 심을 때에는 줄심기가 편리하다.

씨앗이 발아하는 데는 수분과 온도, 산소, 빛 등이 무엇보다 중요하다. 파종 시기는 봄은 4~5월, 가을은 9월이 적당하며 발아 온도는 섭씨 15~20도가 좋지만 품종에 따라 고온이 좋은 것이 있고 저온이 좋은 것도 있다.

씨뿌리기로 번식하기

①파종용 상자 만들기

적옥토(중립:소립=1:1)=7
부엽토=2
피트모스=1

②직파 또는 종류(라벤더 등)에 따라 씨앗을 냉장고에
넣어 두고 1~5도에서 일주일 정도 휴면시킨다.

③파종한다.

④2~3주 동안 젖은 신문지로 덮어 놓는다.　⑤신문지를 제거하고 햇빛을 쏘인다.

⑥본잎이 4~6장 나오면 이식한다.

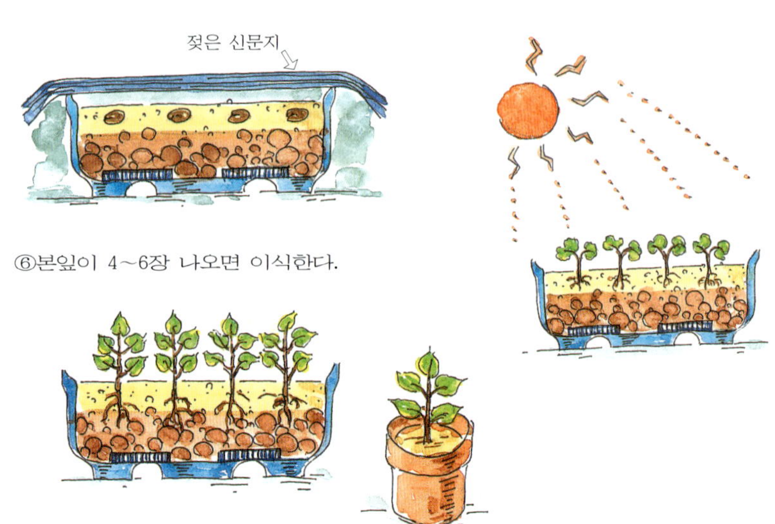

또 씨앗에 따라 일정한 기간의 휴면을 요구하여 바로 발아하지 않는 것이 있다. 씨를 심는 양은 허브의 종류에 따라 다르지만 대체로 1제곱미터당 70~100그램 정도이다.

노지에 파종할 때에는 괭이나 가래로 갈아 놓고 2, 3회 비를 맞힌 다음 충분히 완숙한 쇠똥이나 퇴비 등의 유기 비료를 넣고 다시 한 번 갈아서 부드러운 토질을 만든다. 종자의 특성에 따라 빛을 좋아하는 종자는 건조하지 않을 정도로 얇게 흙을 덮어 주고 어두운 것을 좋아하는 종자는 흙을 덮은 뒤 골판지나 신문지를 2, 3장 덮어 준다.

또 대량으로 파종할 곳에는 밭에 흙을 북돋우고 배수가 잘 되도록 40센티미터 정도 폭의 밭이랑을 만들어 놓는다. 향기와 풍미가 생명인 허브는 노지에서의 자연 재배가 제일 적합하기 때문에 가능한 화학 비료는 사용하지 않도록 한다.

처음에는 직접 심는 것보다도 묘판에 묘를 만들고 정식(定植)하는 방법이 좋은데 그 이유는 관찰하기 쉽고 비바람이나 해충의 문제가 적기 때문이다. 파종을 할 때 사용하는 묘판은 육묘 상자나 스티로폼 상자 등을 이용한다.

그리고 작은 입자의 적옥토나 질석(蛭石)을 부수어 고열 처리한 인공 흙인 버미큘라이트(Vermiculite)를 섞어서 용토를 준비한다. 이때 용토는 통기성, 배수성이 좋으면 어떠한 것이라도 좋고 적옥토(중립:소립=1:1) : 부엽토 : 피트모스(peatmoss)=7 : 2 : 1의 비율로 섞어서 인공 흙을 만든다. 이때 부엽토는 밤나무, 상수리나무, 벚나무 같은 낙엽 활엽수의 잎을 쌓아 2년 정도 썩힌 흙이다.

또는 버미큘라이트와 피트모스, 숯을 고르게 섞고 널빤지, 자 등으로 눌러 다진 뒤 깊이 1센티미터 정도의 홈을 파고 미리 물에 담가 두었던 종자를 뿌린다.

파종한 뒤 종자 크기의 2, 3배 정도로 얇게 흙을 덮는데 종자를 한꺼번에 너무 많이 뿌리지 않도록 한다. 그 작업이 끝나면 그늘에 놓아 두고 물을 자주 주어 마르지 않도록 하는 것이 중요한데 신문지를 축축이 적셔 묘판에 덮어 놓으면 건조를 막고 씨앗도 흘러내리지 않는다.

파종한 뒤 1～3주가 지나면 발아하는데 그뒤에는 신문지를 제거하고 충분히 햇빛을 쪼인다. 밀집한 싹을 솎아내면서 본잎이 4～6장이 되면 이식한다.

일년초는 정원이나 용기에 직접 심고 다년초나 소저목은 비닐 포트에 옮겨 심어 뿌리가 포트의 밑구멍에서 보이기 시작하면 정원이나 용기로 옮겨 심는데 시기를 놓치지 않도록 한다. 이식을 싫어하는 보리지, 캐모마일, 차빌 등의 일년초는 바로심기를 하는데 6호 화분의 세 군데에 점심기를 한다. 이때 3～5개의 씨를 심고 본잎이 나오면 작은 것을 솎아내고 뿌리 크기 정도로 재배한다.

허브에는 서양 허브와 국내 자생 허브가 있는데 서양 허브에는 산성토에 약한 종류가 많기 때문에 미리 석회로 흙을 중화시켜 놓을 필요가 있다. 바질이나 나스터튬(Nasturtium) 등 추위에 약한 허브는 서리가 끝나면서 종자를 파종하지만 내한성(耐寒性) 있는 허브라면 가을에 파종하여 추운 겨울을 지내야 줄기가 크고 튼튼해지며 훌륭한 꽃을 볼 수 있다. 파종한 뒤에는 날짜와 품종명을 쓴 이름표를 반드시 꽂아 두도록 한다.

이 식

묘판은 직사광선이 비치지 않는 반음지의 장소에서 관리하며

흙 표면이 마르기 전에 물을 주는데 너무 많이 주면 종자가 썩어
버리기 때문에 흙을 손으로 만져서 습기 상태를 확인한다.

파종한 뒤 1, 2주 지나면 떡잎이 나오는데 종자를 너무 깊게 심
은 것은 핀셋 등을 사용하여 솎아내고 튼튼하고 큰 싹은 남겨 둔
다. 잎이 4~6장이 되었을 때가 이식하기 좋은 시기이며 때를 놓
치지 말고 이식하여야 생육 상태가 좋다.

적은 입자의 적옥토에 부엽토를 3할 정도 섞고 유기질 비료를
소량 넣어 이식 용토를 만드는데 이식한 뒤에 액체 비료를 주어
도 좋다. 작은 묘를 이식할 때에는 뿌리를 너무 자르지 않도록 주
의하며 흙이 떨어지지 않도록 한다. 뿌리가 흙 위에 나오거나 줄
기가 흙에 파묻혀 있어도 좋지 않기 때문에 비닐포트 등에 용토
를 반까지 넣고 작은 묘의 뿌리를 잘 펴서 줄기 밑까지 흙을 넣은
다음 최종적으로는 용기의 8, 9할 정도까지 흙을 채운다. 이식한
뒤 묘는 양지바른 곳에 둔다.

물은 흙의 표면이 가볍게 마른 뒤에 용기 밑까지 차도록 충분
히 주는데 작고 가는 종자는 한쪽으로 기우는 일이 있으므로 묘

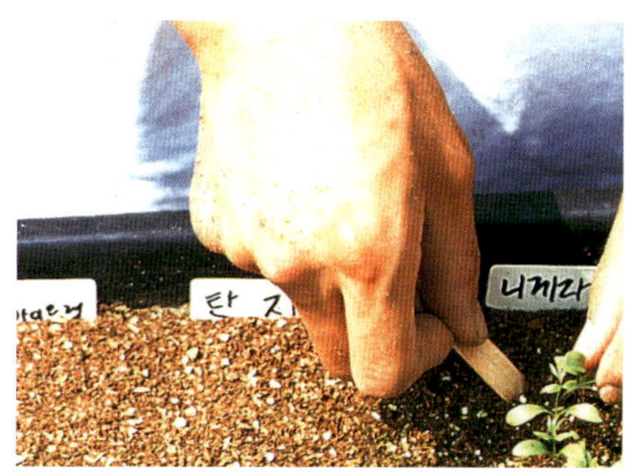

파종한 뒤 1, 2주 지나면 떡잎이 나오는데 종자
를 너무 깊게 심은 것은 핀셋 등을 사용하여 솎
아내고 튼튼하고 큰 싹은 남겨 둔다.

비닐포트 등에 용토를 반까지 넣고 작은 묘의
뿌리를 줄기 밑까지 흙을 넣은 다음 잘 펴서 용
기의 8, 9할 정도까지 흙을 채운다.

판의 밑에서 물을 빨아들이게 하면 좋다. 용기가 마르는 것은 일기에 좌우되기 때문에 시간을 정해서 매일 주지 말고 흙의 상태를 확인하면서 주는 것이 좋으며 항상 주의 깊게 관찰한다. 허브는 생장이 빨라서 이식한 뒤 한 달 정도 지나면 용기 가득히 뿌리를 내리고 잎도 무성해진다.

정 식

정식을 할 때는 가능하면 햇빛이 강한 날이나 무더운 날, 바람이 강한 날은 피하는 것이 좋으며 특히 햇빛에 주의한다. 키가 작은 것은 남쪽에 심어 그루터기까지 충분한 햇빛을 받도록 신경을 쓴다.

허브 재배를 할 때 가장 어려운 시기가 장마철인데 잎이 무성한 6, 7월경에 일주일 이상 계속 비가 오면 서로 얽혀 그루터기가 부패해 버리기 때문이다. 특히 가을비에는 병의 발생이 많아지므로 성장할 때 묘목 사이의 간격과 크기를 고려하여 정식하고 장마 전에 무성했던 줄기나 잎을 솎아내어 통풍을 좋게 해주는 것이 좋다.

정식을 할 때 너무 얕거나 깊게 심는 것은 좋지 않다. 심을 장소를 5~7센티미터의 깊이로 미리 파두고 용기의 중심에 묘를 넣은 뒤 뿌리나 줄기의 밑부분까지 용토를 넣어 주위의 흙을 손으로 가볍게 누른다. 허브는 종류에 따라 20~30센티미터 정도의 간격을 유지하여야 하는 것과 1미터 이상을 띄워야 하는 것이 있으므로 심기 전에 생육 상태를 잘 파악하는 것이 중요하다.

육묘판이나 비닐포트에서 기른 묘는 본잎이 4, 5장 정도일 때가 적당한 정식 시기인데 특히 포트 묘목은 뿌리의 흙이 떨어지지 않도록 주의한다. 또 원예점 등에서 구입한 묘는 비닐포트에서 빼면 흰 뿌리가 가득 퍼져 있기 때문에 뿌리를 조금 풀어낸 뒤에 심으면 새로운 뿌리가 빨리 나오며 생육이 좋다. 특히 이식을 싫어하는 종류는 뿌리 흙이 떨어지지 않도록 세심한 주의를 기울인다.

번 식

허브를 기를 때는 향기를 즐기는 것 외에 번식하는 것도 하나의 즐거움이다. 대개 휘묻이〔取木〕나 꺾꽂이, 포기나누기 등의 방법을 이용하여 번식한다.

봄이나 가을이면 가지에 뿌리처럼 수염을 내밀고 있는 로즈메리나 오레가노, 레몬밤, 라벤더, 세이지, 타임 등은 휘묻이나 꺾꽂이로 번식할 수 있다. 또 숙근초(宿根草)의 그루터기가 되는

정식하기

흙이 떨어지지 않게 주의하고 뿌리를 풀어낸다.(맨 위)

용기의 중심에 너무 깊지 않게 묘를 넣는다.(가운데)

뿌리나 줄기의 밑부분까지 용토를 넣어 주위의 흙을 가볍게 누른다.(위)

정식법

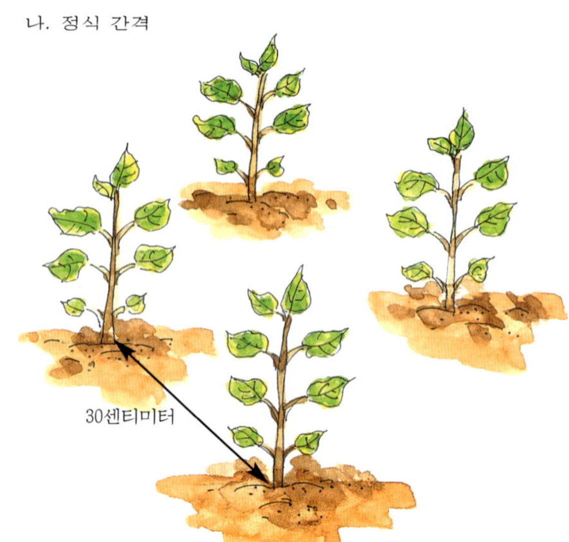

묘목 사이에 30센티미터의 간격을 둔다.

민트, 차이브, 말로우(Mallow) 등은 포기나누기를 해서 간단하게 번식한다. 정원 한쪽에 우거진 민트류나 큰 그루가 된 레몬밤의 포기나누기를 할 때는 파올린 뿌리에서 싹이 떨어지지 않도록 주의한다.

꺾꽂이가 가능한 허브는 줄기가 단단하고 확실한 꿀풀과나 국화과이며 백합과나 미나리과처럼 줄기 속이 비었거나 부드러운 것은 적당하지 않다.

꺾꽂이하는 방법은 먼저 줄기 부분을 손가락으로 집어 단단한 느낌의 일년생 가지를 선택하여 앞쪽의 끝부분을 10센티미터 정도 뾰족이 자른다. 아래쪽의 잎을 떼어내고 두세 시간 컵에 꽂아서 수분을 충분히 빨아들이게 한 뒤 꺾꽂이를 한다. 이때 시중에 판매되는 발근촉진제를 사용하면 성공률이 높다. 꺾꽂이의 용토

꺾꽂이

①건강한 줄기의 앞쪽 끝 부분을 10센티미터 정도 되게 자른다.

②밑잎을 떼어내고 물에 담가 둔다.

③버뮤큘라이트 등의 흙에 꽂고 물이 마르지 않도록 한다.

는 물이 잘 빠지는 것이 좋다. 피트모스 등 먼지가 없는 깨끗한 배양토에 심어 바람과 직사광선이 없는 장소에서 건조하지 않게 관리한다.

꺾꽂이를 한 뒤 10일 정도까지 잎에서 수분을 발산하므로 건조 방지를 위해 꺾꽂이의 묘가 습해질 정도로 부지런히 물을 주면 뿌리를 잘 내린다. 강한 바람과 직사광선을 피하며 가능하면 태양광선을 반 정도 차단하는 것이 좋다.

약 10일이 지나면 어느 정도 안정되므로 물은 적게 주고 햇빛을 잘 받도록 한다. 그뒤 뿌리가 나왔는지는 새순으로 곧 알 수 있는데 허브의 종류에 따라 차이는 있지만 새순이 커지기 시작하면 뿌리가 내리기 시작한 것이다.

물을 너무 많이 주면 모처럼 뿌리를 내린 것이 썩어 버리므로 주의하여야 한다. 꺾꽂이한 뒤에 뿌리가 5센티미터 전후로 성장

휘묻이

①번성한 줄기를 골라 밑 줄기의 잎을 떼어낸다.

②줄기의 눈을 땅에 묻고 와이어로 고정시킨다.

③흙을 덮어 준다.

포기나누기
이른봄 싹트기 전이나 늦가을에
포기를 낸다.(위 왼쪽)

포기를 적당히 나눈다.(위 오른쪽)

용기에 옮겨 심는다.(아래 왼쪽)

하면 화분으로 이식하거나 뜰이나 밭에 옮겨 심는다. 화분에 옮기는 것이 늦어지면 생육이 늦어지고 뿌리만 늘어나므로 시기를 놓치지 않는 것이 좋으며 노지나 화분에 옮긴 뒤에 비료를 너무 빨리 주지 않는 편이 좋다.

그루가 커지든가 생육 상태가 좋아지면 그때 거름을 준다. 꺾꽂이 시기는 한여름과 한겨울을 제외하고는 가능하지만 뿌리가 썩기 쉬운 장마 때는 피하는 것이 좋다. 꺾꽂이한 뒤 남은 줄기는 요리용이나 선물용 꽃다발 등으로 이용하기도 한다. 이렇듯 꺾꽂이를 통해 대량의 묘를 생산할 수 있다.

휘묻이를 할 때는 가지를 휘어서 지면에 대고 가지 마디에 부드러운 흙을 듬뿍 덮어 두면 금방 뿌리를 내리고 새로운 싹이 나온다. 휘묻이는 희귀 식물이나 일반적인 방법으로는 번식이 어려운 식물에 사용할 수 있으나 대량 번식에는 어려움이 있다.

대부분의 초본성 식물들은 지하에 뿌리줄기와 곁가지를 지니고 있어서 특별한 경우를 제외하고는 땅속의 원줄기 근처에 달린 곁눈이나 곁가지를 잘라서 옮겨 심으면 잘 자란다. 이러한 번식법을 포기나누기라 하는데 파종하거나 꺾꽂이에 의해 번식이 불가능한 식물에 활용할 수 있는 효과적인 번식 방법으로 레몬그래스가 대표적인 예이다. 포기나누기는 파종하거나 꺾꽂이에 비해 대량의 묘를 생산하기가 어렵다.

수 확

허브는 사용하는 용도와 수확 시기 그리고 종류에 따라 순 치는 부분이나 자르는 부분이 다르다. 방법에 따라서는 대량으로 이용하는 것과 순서대로 손으로 따는 것이 있다. 또 꽃을 이용하거나 종자, 줄기, 잎, 가지, 뿌리를 이용하는 방법이 있으므로 각각 그 용도를 잘 알아야 한다.

어떤 허브라도 수확은 개화 전이나 초기가 가장 적합한데 그때 향기나 약효를 가진 성분의 농도가 가장 높기 때문이다. 또 태양이 높이 뜨면 정유(精油)가 감소하므로 새벽녘에 수확하여 물로 살짝 씻어 이용하거나 말려 보관한다. 특히 장마 때는 포기 속이 무덥고 병충해의 발생이 많기 때문에 솎아서 수확하고 나무 전체에 통풍이 잘 되고 햇빛이 충분이 들어오도록 한다.

습기에 의한 부패나 병충해의 방지를 위해 꽃이 지거나 줄기가 너무 높게 자란 것, 잎이 너무 무성하여 습기가 차 있는 것 등은 그때마다 가지를 자르고 줄기를 갱신하여야 한다.

줄기나 잎을 이용하는 것에는 차빌, 바질, 로즈메리, 타임 등이

수 확

가. 꽃을 이용하는 경우

개화하면 따서 이용한다.

나. 줄기와 잎을 이용하는 경우

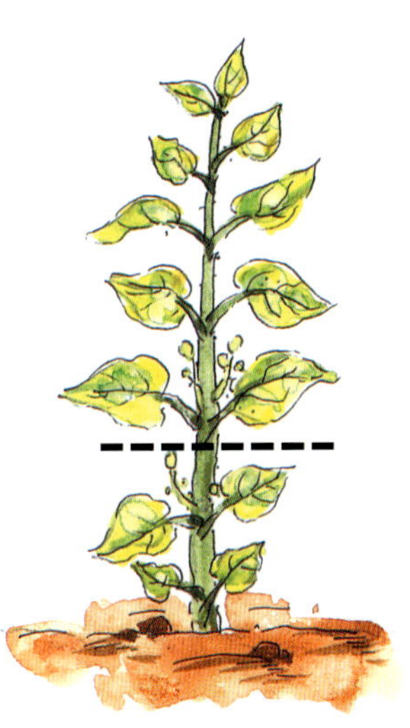

아래쪽 잎을 2, 3장 정
도 남기고 자르면 다시
줄기가 나와 수확할 수
있다.

다. 꽃, 줄기, 잎을 이용하는 경우

땅에서 3센티미터 남기고
자르면 다시 수확이 가능
하다.

민트 수확하기

있고 줄기를 이용하는 것에는 루바브(Rhubarb), 펜넬이 있다. 라벤더와 캐모마일, 말로우, 로즈, 보리지, 린덴, 등은 꽃을 따서 이용하며 딜, 아니스(Anice), 코리안더 등은 종자를, 안젤리카, 치커리 등은 뿌리를 이용한다.

라벤더, 캐모마일, 보리지, 나스터튬 등의 신선한 허브를 수확하여 한 다발씩 묶어 꽃꽂이나 목욕할 때 사용하며 차, 샐러드, 수프, 생선이나 고기 요리 등에는 그때마다 필요한 양만큼의 잎을 따서 사용한다. 드라이 허브(dry herb)로 사용할 때는 줄기를 될 수 있는 대로 길게 자르는데 차이브, 레몬그래스 등은 지면에서 3~10센티미터를 남기고 자른다.

민트, 세이지, 스위트바질(Sweet basil) 등을 수확할 때는 아래쪽의 잎을 2, 3장 남기고 자르며 타임, 라벤더, 로즈메리 등은 솎아내는 것처럼 수확한다. 이때 잘린 부분이나 옆에서 새순이 바로 나와 다시 수확하는 일이 가능하다.

허브의 관리

본래 야생 식물인 허브는 일반 작물보다 훨씬 튼튼하다고 알려져 있다. 그러므로 양지바르고 통풍이 잘 되며 배수가 좋은 생육 환경을 만들어 주면 농약이 없이도 충분히 키울 수 있다.

그러나 조금만 방심하면 병이나 해충에게 금방 피해를 볼 수도 있기 때문에 계절이 바뀔 때마다 지속적인 관심과 애정이 필요하고 항상 물주기와 비료주기에 신경을 써야 한다.

병충해 예방

허브의 병충해를 방지하기 위해 허브 가든에서는 되도록 여러 품종을 심는 것이 좋다. 단일 허브만을 재배하거나 이어짓기를 하면 병이나 해충이 발생하기 쉽고 땅이 약해지는 현상도 나타나며 허브 자체도 약해지기 때문이다. 또 병충해에 대한 저항력을 높이기 위해서는 허브 각각의 생육 특성을 파악하고 그에 맞는 환경을 조성해 주는 것이 무엇보다 좋다.

허브에 발생하는 병충해로는 입고병, 흰가룻병, 배추벌레, 진딧물 등이 있으며 이것은 기온, 일조량, 통풍 등 관리상의 문제와 관련이 있다.

예를 들어 민트류는 칼륨 부족과 통풍이 잘 안 될 때 아래 잎 양쪽에 검은색의 작은 반점이 나타나고 차츰 위쪽으로 이동한다. 이러한 현상이 보이면 바로 잎을 도려내어 태워 없애고 가지 전체에 발생하는 것은 가지치기를 하여 태워 버린다.

바질은 온도가 낮거나 일조량이 부족하면 땅쪽의 줄기나 잎이 검게 말라 죽는데 이때 바로 가지치기를 하여 태워 버린다. 차빌이나 민트, 딜, 포트마리골드 등에는 진딧물이나 배추벌레가 봄부터 여름에 걸쳐 발생한다. 따라서 꽃이나 씨앗, 잎의 속을 자세히 관찰하여 발견하면 바로 퇴치하거나 잘라 버린다.

진딧물이나 배추벌레 종류는 일반적인 해충으로 일년 내내 부드러운 줄기나 잎에 기생하는데 진딧물 종류는 건조한 시기에 발

여러 가지 병충해

흰가룻병

4~10월경 잎이나 줄기 표면에 흰
색 곰팡이가 발생한다.

녹병

잎에 돌기상의 것이 생겨서 잎이
녹난 것처럼 분이 나온다.

야도충(밤나방의 유충)

꽃이나 봉오리, 잎을 먹어치운다.
성충이 되면 약제에도 강해지므로
유충일 때 퇴치한다.

깍지진디(패각충·개각충)

줄기, 잎, 가지 등에 기생하며 즙을
빨아 먹는다. 성충이 되면 저항력이
강해지므로 유충일 때 퇴치한다.

반점병

잎에 갈색의 반점이 생기면서 커지
다 생장 불량이 되면서 떨어진다.

배추흰나비유충(검은줄흰나비의
애벌레)

나비 등의 유충으로 잎을 먹는다.

생하며 피해를 보면 잎이 시들고 생기가 없어진다.

씨를 심고 싹이 튼 직후나 어린 묘에는 잎과 줄기가 갑자기 시들고 말라 죽는 입고병이 발생하기 쉬운데 그때에는 농약의 일종인 다코닐수화제를 산포한다. 또 그루가 커지고 잎의 앞뒷면에 하얗게 가루가 밴 것처럼 발생하는 흰가룻병에는 베레이트수화제를 뿌린다.

그러나 농약은 될 수 있는 대로 피하며 특히 식용 허브는 유기비료로 재배하여 저항력이 있도록 기른다. 프렌치마리골드(French marigold), 로즈메리 등은 벌레를 제거하는 효과가 있어 가든이나 노지의 몇 군데에 심어 가꾸면 주위에 있는 허브에 벌레가 달라붙지 못하는 좋은 효과를 얻을 수 있다.

계절 관리

봄 파종한 뒤 흙을 고르게 덮고 눌러 주면 서릿발이 생겨도 싹이 튼다. 늦은 서리의 걱정이 없으면 묘상에 파종하여 밤에만 비닐로 덮어서 보온하면 된다.

4월이 되면 낮에 햇빛이 강해지고 일조 시간이 길어져 월동하였던 숙근생과 다년생의 허브에서도 일제히 떡잎이 나고 새로운 잎이 피기 시작한다. 이른봄에는 해충이나 진딧물 등이 발생하기 전에 예방하는 것이 중요하므로 아침에 물을 줄 때 주의하여 자세히 관찰한다.

우리나라에서 월동을 할 수 있는 라벤더 히드코트, 민트류, 오레가노, 탄지, 포트마리골드, 타임 등은 놀라울 정도로 생육이 왕성하여 4월 중순부터 눈에 띄게 꽃을 피우기도 한다.

여름 허브의 원산지는 대부분 지중해 연안으로 개화와 결실을 하는 여름에는 비가 거의 오지 않는다. 그러나 우리나라에서는

베르가모트
한여름에 선명한 빨강,
분홍색, 하얀색 꽃이
피는 베르가모트는
그 뛰어난 자태 때문에
허브 가든에
자주 이용된다.

그 시기가 장마 때와 겹치기 때문에 허브가 약해지고 장마에 따른 햇빛 부족으로 무르거나 병에 걸리기 쉽다. 따라서 이 시기가 허브를 키우기 가장 어렵다.

대부분의 허브는 봄부터 여름까지 왕성하게 자라서 이 시기에 가지와 잎이 무성하게 되고 꽃을 피우며 연중 가장 향기가 좋다. 그러나 장마철에 들어서면 일주일에서 열흘 정도 계속해서 많은 비가 내리기 때문에 색이 바래고 꽃이 떨어지며 가지와 잎이 밑에서부터 검게 변한다. 심할 때에는 무성한 잎들 전체가 부패해 버리기도 한다.

장마는 허브 생육 과정에서 가장 어려운 때이다. 배수가 나쁜 흙이나 저지대에서는 빗물에 침수되어 뿌리가 썩을 수 있고 그루터기 등이 말라 죽기도 한다. 이런 일을 막기 위해서는 장마가 시작되기 전에 수확을 겸하여 가지를 치고 조금이라도 번성하였던 그루터기에 통풍을 좋게 한다.

또 물은 조금만 주어도 잘 자라므로 배수로를 만들어 빗물이 고이는 것을 막는 공사를 해야 한다. 작은 정원에는 비닐 천막 등을 씌워 주는 것도 좋은 방법이다. 만일 허브가 마르거나 부패한 줄기가 있고 가지와 잎에 곰팡이가 나타나면 그런 줄기들은 제거한다.

그런데 여름에 생육 장해(障害)를 받거나 말라 죽는 일이 많이 생기는 것은 고온으로 흙 속에 녹아 있던 산소량이 감소하면서 뿌리가 호흡에 제한을 받아 질식 상태가 되기 때문이다. 장마가 끝난 뒤 강한 햇빛도 허브에게는 난적이다.

허브에 함유된 향기의 정유는 개화하면서 점점 휘발한다. 그러므로 개화하기 직전의 오전중에 줄기의 3분의 1 정도 남겨 놓고 수확하는 것이 가장 이상적이다.

아직 꽃이 피지 않은 생장기에 있는 허브는 3분의 2 정도를 남기고 가지를 쳐서 본래의 상태로 둔다. 그러면 허브의 피로 회복에 도움이 되고 그루터기의 통풍도 좋아져 무르는 것을 방지하여 준다. 특히 세이지, 타임, 히숍, 라벤더, 로럴(Laurel) 등은 장마를 싫어하는데 가을이나 이른봄에 심어 장마가 오기 전에 뿌리를 확실하게 내려 튼튼하게 생장시키는 것이 장마 대책의 하나이다. 정원에 심을 경우에

통풍을 좋게 하고 햇빛을 잘 받게 하려면 장마가 시작되기 전에 잎이 무성한 허브를 가지치기 해준다.

가지치기

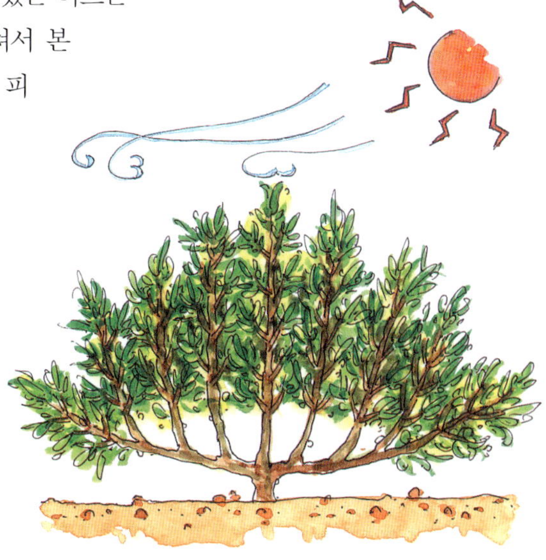

는 퇴비 등의 유기질 비료를 준다.

가을과 겨울 장마와 여름의 더위에 피해를 본 허브는 가을에 질소 비료를 주어 원기를 회복시키고 용기 재배를 하는 숙근생 허브도 새로운 흙으로 바꿔 주는 것이 좋다. 숙근생 허브의 지상부위는 대부분 가을과 겨울에 말라 죽거나 잎이 떨어지지만 관리에 따라서 푸르름을 유지하는 것도 있다.

서리가 내리는 시기가 가까운 11월경부터는 월동 준비를 위해 물주기를 멈추며 건조하게 키우는 것이 좋다. 그것은 추위에 강하게 하기 위해서이다. 또 겨울 계절풍과 방한을 위해 허브의 북쪽에 방풍 네트(net)나 담을 만들어도 좋다.

섭씨 4도 이하에서 약해지고 0도에서 말라 죽는 비내한성(非耐寒性) 허브에는 센티드제라늄, 레몬그래스, 레몬버베나 등이 있고 영하 5~10도 사이에서 말라 죽거나 쇠약해지는 반내한성(半耐寒性) 허브에는 스위트마조람(Sweet marjoram), 프렌치라벤더(French lavender), 프렌지드라벤더(Fringed lavender), 로즈메리 등이 있다. 로럴은 영하 15도 이하의 노지에서는 겨울을 넘기기 어렵고 일년초 또한 월동이 힘들다. 그 밖의 허브는 반대로 추위에 강하다고 생각하면 된다.

따라서 허브를 재배하는 지역의 최저 기온을 점검하고 0도 이하가 되지 않는 지역에서는 노지에 심어도 좋다. 영하 5도 정도의 지역에서는 첫서리가 내리기 한 달 전에 반내한성 허브의 경우 월동 준비를 한다.

실내에서 재배하는 센티드제라늄 등은 꺾꽂이로 묘를 만들어서 다음해 봄에 심어도 좋다. 그리고 레몬버베나는 이식을 좋아하지 않으므로 월동이 어려운 지역에서는 처음부터 용기에 재배한다.

물주기

모든 허브가 꽃을 피우지만 물주기, 거름주기 등의 관리 방법이 나쁘면 좋은 꽃을 볼 수 없다. 생육기의 물 부족은 허브 기르기의 치명적인 실패로 이어지기 때문에 주의하여야 한다.

특히 파종한 뒤의 물주기에 주의를 요하는데 종자가 흘러가거나 통풍이 나빠질 수 있기 때문이다. 수분이 용토 밑까지 충분히 흡수될 수 있도록 물을 주는 것이 이상적이나 뿌리가 썩지 않도록 주의한다.

또 강한 비로 흙이 유실되거나 많은 습기로 인해 겉흙 근처에 넓게 퍼진 뿌리가 썩는 것을 막기 위해서는 새로운 흙으로 보충해 주는 것이 좋다.

노지나 용기 재배를 할 때 맨 위의 흙이 건조하면 아침에 물을 듬뿍 준다. 이때 배수가 좋은 토질이면 균등하게 물이 깊이 스며든다.

노지에서 재배할 때는 건조한 여름에도 물을 주지 않아도 되는 경우가 많다. 하지만 화분이나 플랜터 등의 용기 재배에서는 놓아 두는 장소와 용토, 화분의 종류와 크기에 따라 건조 정도가 다르므로 눈으로 보아 표면의 흙이 하얗게 건조해지면 용기 밑으로 물이 흘러내릴 정도로 충분히 준다. 너무 건조하거나 습기가 있을 때 물을 주면 뿌리의 생장이 멈추고 썩는 원인이 되기도 한다.

노지나 용기 재배를 할 때 맨 위의 흙이 건조하면 아침에 물을 듬뿍 준다.

물주기

거름주기

거름주기

허브의 생장이나
잎과 꽃의 상태 등을
관찰하면서 유기질이
많이 섞인 말린 퇴비나
액체 비료를 준다.
또 효과가 지속되는
고형의 지효성 비료를
흩어 놓아도 좋다.

아주 튼튼한 묘목을 만들기 위해서는 거름을 충분히 줄 필요가 있으나 질소는 적은 듯하게 주는 것이 좋다. 허브는 산성 토양을 싫어하는 종이 많으므로 심기 2주 전에 미리 산도를 확인하고 부엽토, 쇠똥퇴비 등의 유기질 비료와 밑거름에 유기 배합 비료 등을 잘 섞어 30센티미터의 깊이에 넣어 둔다. 흙에 밑거름이 포함되어 있지 않으면 심은 지 2, 3주 뒤에 무기질의 종합 비료를 1,000~1,500배로 묽게 준다.

허브는 생육 기간이 긴 종류가 많기 때문에 도중에 웃거름을 주어야 한다. 겨울에는 거의 필요가 없지만 허브의 생장이나 잎과 꽃의 상태 등을 관찰하면서 유기질이 많이 섞인 말린 퇴비나 액체 비료를 준다. 또 효과가 오랫동안 지속되는 고형(固形)의 지효성(遲效性) 비료를 허브 주위에 흩어 놓아도 좋다. 허브가 뿌리를 내리면 웃거름을 월 1, 2회 정도 주어야 꽃의 상태도 좋고 향기도 은은하다.

쓰임새 많은
허 브

허브 공예

허브를 이용한 대표적인 허브 공예에는 드라이 허브, 포푸리
(potpourri), 리스, 어렌지플라워(arrangeflower), 압화(壓花), 염
색, 비누 등이 있다.

드라이 허브

정원이나 화분에서 재배한 허브를 잘 건조하여 보관하면 차
(tea)를 끓여 마시거나 목욕을 할 때, 공예품 등을 만들 때 다양하
게 이용할 수 있다.

향기가 제일 풍부한 개화 직전의 허브를 오전에 베어서 오물이
묻어 있거나 손상된 잎을 골라낸다. 여러 줄기를 한 다발로 묶어
그늘지고 통풍이 잘 되는 벽면이나 천장에 뿌리 쪽을 위로 하여
매달아 말린다.

건조는 언제라도 할 수 있지만 온도와 습도에 따라 완성된 색
깔이 전혀 다르다. 습기가 많은 장마철에는 빛을 보기 어려우므
로 통풍이 잘 되는 장소를 골라 전체적으로 잘 말리도록 한다. 가
정에서는 제습기나 에어컨디셔너를 이용하면 좋다.

자연 건조나 인공 건조한 드라이 허브 가운데 어느 쪽이 좋다
고 말할 수는 없지만 자연 건조는 시간이 많이 걸린다. 또 잎이나
줄기가 말라도 꽃봉오리 속까지 완전히 마르지 않으면 곰팡이가

여러 가지 허브 말리기

라벤더

장미　　　로즈메리　　베르가모트

생길 수 있으므로 주의하여야 한다. 그러나 자연 건조하면 방안에 신선한 향기가 가득하여 상쾌한 분위기를 조성하므로 그대로 응접실 등의 실내 장식에 이용하는 것이 좋다.

포푸리

향기 좋은 허브나 스파이스 등 각각의 소재를 섞어 만든 향의 혼합을 포푸리라고 한다.

오래 전부터 유럽에서는 실내에 향기를 감돌게 하고 싶을 때 호리병에 포푸리를 넣어 마개를 열어 두거나 아름다운 접시에 담아서 방향과 색채를 즐겼다. 또 포푸리를 가득 채워 넣은 향기 나는 주머니를 서랍이나 옷장 등에 넣어 은은한 향을 이용하였다.

재료 뚜껑이 있는 커다란 유리병, 계량컵과 계량스푼, 오일용 스포이트, 지름 20센티미터 정도의 손절구, 가위.

블렌딩(혼합물)의 주재료는 라벤더 꽃 2컵이고 부재료는 장미꽃과 허브의 잎 2컵, 포트마리골드와 실차초(矢車草) 각 1컵, 그로브(Grove) · 올

스파이스(Allspice) · 너트맥〔Nutmeg, 육두구(肉荳蔲)〕 · 시나몬
(Cinnamon) 각 1/2작은술, 에센셜 오일과 로즈 오일 몇 방울 등
이다.

만드는 법 허브의 잎이나 꽃을 아침 이슬이 마른 뒤에 잘라서
작은 다발로 모아 통풍이 좋은 응달에서 말린다. 이때 벌레나 곰
팡이가 생기는 것을 막기 위해 백열등이나 오븐으로 열을 다시
한 번 가하는 것이 좋다. 꽃은 바구니 모양의 등갓 위에 얇은 종
이를 깔고 꽃받침을 위로 하여 넓게 펴서 말리면 아름답게 마무
리된다.

처음에는 자신이 좋아하는 허브 향을 주재료로 하고 그 다음에
향기를 한층 진하게 하기 위해 부재료의 향기를 정해 조화시키면
실패가 적다.

꽃이나 나무 열매, 오렌지 등의 과일 껍질을 말려 이용할 수도
있고 향기가 강하게 남는 라벤더나 민트, 로즈, 레몬밤 등을 주재
료로 하고 다른 소재의 허브나 스파이스를 조금씩 가하여 좋아하
는 향기를 만들기도 한다. 또 향기를 오랫동안 보존하고 특출한
향의 효과를 얻기 위해 보류제(保留劑)를 넣기도 하는데 나무껍
질이나 뿌리, 이끼, 굵은 소금 등을 이용한다.

손절구에 스파이스나 유향, 안식향
등의 보류제를 하나씩 넣어 잘
게 부수고 스포이트로 에센
셜 오일 몇 방울을 떨어뜨
린다. 양은 조금 적게 하는
데 부족하다 싶으면 주재
료에 부재료를 하나씩 섞어
서 향기의 농도에 맞게 분량

실내에 향기를 감돌게
하고 싶을 때 호리병에
포푸리를 넣어 마개를
열어 두거나 아름다운
접시에 담아서 방향과
색채를 즐길 수 있다.
포푸리

드라이 포푸리

①A의 재료를 용기에 모두 담아 베이 잎을 찢어 넣고 크로브핑크의 꽃술과 올스파이스는 손절구로 가볍게 부수어 넣는다.

②잘 섞은 다음 장미 오일을 세 방울 정도 떨어뜨리고 보류제를 넣는다.

③뚜껑 있는 병에 넣어 2주 동안 숙성시킨다. 이때 직사광선을 피하고 통풍이 잘 되는 서늘한 곳에서 보관한다.

④용기나 방향주머니에 담아 향을 즐기기도 한다.

을 조정한다.

블렌딩을 하려면 병에 넣어 밀폐한 뒤 서늘하고 어두운 장소에서 2, 3주 동안 숙성시킨다. 때때로 흔들어 주면 각종 향기가 서로 어울려 조화를 이룬다.

압 화

책갈피 등에 끼워 말려서 표본 등에 이용하는 꽃을 압화라고 한다. 허브의 꽃이나 잎으로 압화를 만들면 자연의 색채나 형태를 그대로 보존하여 다양하게 이용할 수 있다.

압화를 만드는 방법에는 여러 가지가 있는데 신문지나 두꺼운 책 사이에 끼워 무거운 물건을 올려놓거나 다리미, 전자 레인지, 실리카 겔(건조제)을 이용한다.

또 압화용 기구를 이용하기도 한다. 여기에서는 가정에서 전자 레인지로 만드는 방법을 소개한다.

재료 너비가 20센티미터인 사기 타일이나 세라믹 타일 2장, 타일과 같은 크기로 2~5밀리미터 두께의 스펀지 2장, 화장지 약간, 핀셋, 가위, 칼, 수분을 닦은 꽃이나 잎.

만드는 법 아름답게 완성하기 위해서는 허브의 형태에 맞추어서 만들어야 한다. 우선 칼로 줄기나 굵은 가지의 반을 세로로 쪼개고

잘 말려 꽃이 빳빳해지면 꺼내어 엽서나 편지 등의 표지로 이용한다.
압화

꽃술이 있는 부분인 꽃심〔花心〕이 두꺼운 것은 뒤쪽을 얇게 깎아 준다. 잎이 많을 때에는 적당히 솎아내거나 따로따로 흩어 놓아 눌러 말린다. 수분이 많은 잎이나 꽃의 뒤쪽을 사포(砂布)로 살짝 문질러 수분 증발을 쉽게 하며 옆으로 누를 꽃은 세로로 쪼개어 말린다.

준비된 허브를 고정시킬 때는 사기 타일 위에 쿠션으로 스펀지를 놓고 그 위에 화장지를 1장 깔아 잘 말린 허브의 꽃이나 잎이 접촉되지 않도록 한다. 그 다음 다시 한 번 화장지, 스펀지, 타일의 순으로 겹쳐 놓고 양면을 클립으로 채워 놓으면 완성된다.

말릴 때에는 전자 레인지를 강하게 하고 가열 시간은 2분 이내로 한다. 이때 2분 이상 가열하면 꽃과 잎을 까맣게 태우기 쉽다. 제라늄, 말로우 등 꽃잎이 얇은 것은 1분 30초 정도가 좋고 3색 오랑캐꽃, 댄더라이온, 캐모마일 등은 2분 정도가 적당하다. 가열하여 꽃이 빳빳해지면 꺼내어 엽서나 편지 등의 표지(標紙)로 이용한다.

드라이 플라워를 이용한 리스는 직접 만드는 즐거움뿐 아니라 분위기를 편안하게 만들어 주는 대표적인 실내 장식용 소품이다.
리스

인테리어용 리스

가정에서 허브를 재배할 때 수확한 허브를 이용하여 리스를 만들어 보는 것은 커다란 즐거움이다. 드라이 플라워를 이용한 리스는 직접 만드는 즐거움뿐 아니라 분위기를 편안하게 만들어 주는 대표적인 실내 장식용 소품이다.

한 가지의 허브로도 리본을 매는 방식이나 드라이 플라워의 디자인에 따라 다양한 리스를 만들 수 있다. 유럽이나 미국

리스 만들기 재료

재료
꽃이 핀 로즈메리
줄기(10센티미터)…100본
철사 10가닥
리본
리스대

①10센티미터 정도로 자른 로즈메리 가지를 10본식 다발로 하여 철사로 묶어 준다.

②리스대에 로즈메리 묶음을 철사가 보이지 않도록 감싸며 차례차례 엮어 나간다.

③완성된 로즈메리 리스에 꽃이 없거나 적은 듯하면 어울리는 리본을 엮어 포인트를 주는 것도 좋다.

의 가정에서는 언제나 간단한 리스로 집안을 장식하곤 한다.

허브는 말라도 강한 향기를 내기 때문에 리스의 소재에 가장 적합하다. 리스에 적합한 드라이 허브의 종류에는 보리지, 라벤더, 니겔라(Nigella), 로즈메리, 야로우, 세이지, 장미 등이 있다.

재료 골격으로 쓸 허브 줄기, 와이어(철사) 10가닥, 리본, 10센티미터의 꽃이 핀 로즈메리 줄기.

만드는 법 리스의 골격은 레몬그래스나 로즈메리, 로럴, 로즈제라늄(Rose geranium), 캣트민트(Catmint), 스위트마조람, 크리

핑타임(Creeping thyme) 등의 줄기를 묶어 둥글게 틀어서 만들거나 등나무, 포도, 키위, 갈대 등의 줄기를 이용한다. 또 버드나무 잎이 전부 떨어진 12월 하순에 가지를 수레바퀴처럼 둥글게 하여 열처리를 하면 세련된 골격이 완성된다.

리스의 골격은 신선할 때 만들어 말려야 이후에도 변형하기 쉽고 마무리도 깨끗하게 된다. 골격을 만든 다음에는 끼워 넣거나 플라워 디자인용의 와이어로 고정시킨다.

완성된 골격에 로즈메리 같은 주재료의 허브를 붙인다. 리스의 반지름에 맞추어 크기나 색조를 형상화하여 전체의 형태가 갖추어지도록 꽃을 첨가해 나간다. 와이어를 이용하여 균형이나 위치를 생각하며 단단하게 매듭을 짓고 잘 어울리는 색의 리본으로 장식한 다음 드라이 플라워용의 스프레이를 뿌려 주면 완성된다.

리본이나 장식을 바꿔서 식물만이 아니라 나무 열매 등의 다른 재료를 이용하여 새로운 리스를 만들 수도 있다.

허브 어렌지플라워

허브를 이용하여 여러 가지 인테리어용 소품을 만드는 것을 허브 어렌지플라워라고 하며 그 종류는 매우 다양하다. 여기에서는 압화를 이용한 양초 만들기와 꽃바구니 만드는 법, 허브 액자 만드는 법을 소개하기로 한다.

* 양초 만들기

장식용 양초를 만들 때에는 양초에 압화를 붙여 코팅하는 방법과 양초를 중탕할 때 허브를 넣어 장식하는 방법이 있다. 주로 라벤더, 로즈, 보리지, 캐모마일, 말로우, 로즈제라늄, 펜넬, 타라곤, 타임 등의 꽃이나 꽃봉오리를 사용하며 야로우, 레몬밤, 펜

허브 양초 만들기

① 양초에 말린 허브 장식하기

② 파라핀액 만들기(중탕하기)

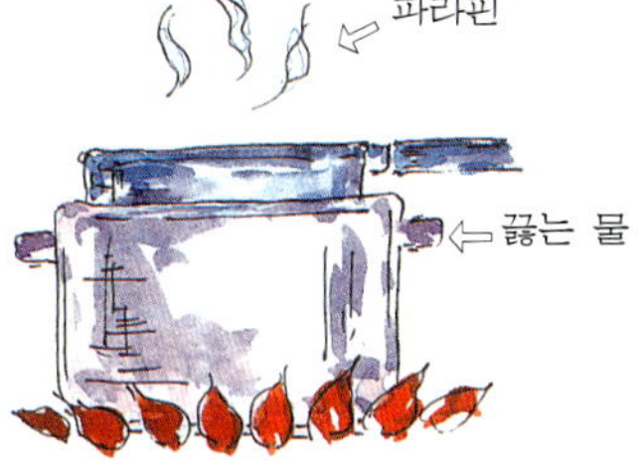

③ 파라핀액에 양초 코팅하기

재료
시중에 판매하는 양초
(약간 굵은 것)
말린 허브의 꽃, 잎,
줄기 등
파라핀, 본드

넬, 탄지, 히숍 등은 잎을 이용한다.

첫번째 방법의 재료와 만드는 법은 다음과 같다.

재료 약간 굵은 양초, 허브의 꽃이나 잎, 본드, 냄비.

만드는 법 예쁜 허브의 꽃이나 잎을 채취하여 압화를 만들어 둔다. 준비된 양초 주위에 본드를 바르고 압화를 가볍게 고정시킨다.

그 다음 냄비에 물을 끓이고 다른 양초를 깎아 중탕하여 녹인다. 중탕한 것이 투명해지면 허브 꽃을 붙인 양초의 심을 손끝으로 잡고 냄비 안에 신속하게 넣었다 빼어 장식한 꽃에 코팅을 한다. 이때 여러 번 코팅하면 끝맺음이 더러워지므로 주의한다.

두 번째 방법의 재료와 만드는 법은 다음과 같다.

재료 로리에(Laurier)·캐모마일·로즈메리 등을 건조한 것, 알루미늄박, 나무젓가락, 양초 조각, 심이 될 수 있는 실, 내연성 유리 용기나 화분.

만드는 법 화분을 이용할 때는 밑구멍을 알루미늄박으로 막고 구멍 밖은 테이프로 붙인다. 그리고 나뭇가지나 연필 등에 심으로 쓸 실을 묶어서 용기 중심에 오도록 한다.

그 다음에는 양초 조각을 냄비에 중탕하여 녹이고 그 안에 허브를 한줌 넣는다. 허브 향이 초에 배면 유리 용기나 화분에 녹인 양초를 붓고 나무젓가락으로 허브가 보이도록 장식한다. 초가 식으면 벌집 모양이 되므로 전체적으로 다시 한 번 녹인 양초를 붓는다. 초가 굳으면 심으로 쓸 실의 위쪽을 1센티미터 정도 남기고 자른다.

만드는 과정에서 양초에 불을 붙이면 용기가 뜨거워지므로 내연성이 강한 타일이나 코스터(coaster) 등을 받침대로 사용하는 것이 좋다. 냄비에 붙은 초를 제거할 때는 물을 데워서 떼어내면 된다.

＊ 꽃바구니 만들기

자연스러운 등나무 넝쿨이나 대나무로 만들어진 바구니에 개화 직전이나 활짝 핀 허브 꽃(생화), 드라이 플라워 등으로 장식하여 예쁜 꽃바구니를 만들 수 있다.

재료 등나무 넝쿨이나 대나무 바구니, 열매가 달린 나뭇가지, 허브 꽃이나 드라이 플라워, 드라이폼, 20번 와이어, 본드 등.

만드는 법 바구니 속에 드라이폼을 20번 와이어로 단단히 고정시키고 그 위에 얇고 부드러운 모직물을 U핀으로 채워 드라이폼이 보이지 않게 처리한다. 그 다음 오리나무 등의 열매가 달린

넝쿨을 이용한
허브 꽃바구니

나뭇가지를 이용하여 만들고자 하는 모양의 틀을 잡고 라벤더, 다이어즈캐모마일(Dyer's chamomile), 야로우, 베르가모트 등의 허브를 색상과 볼륨을 고려하여 자연스럽게 꽂아나간다.

하부 처리는 본드를 바르고 어린 고사리를 꽂으면 깨끗하게 마무리된다. 자연스러운 허브 꽃바구니는 인테리어용 소품이나 선물용으로 매우 좋은 소재이다.

✳ 허브 액자 만들기

독특한 허브의 꽃과 잎을 이용하여 인테리어용 액자를 만들 수 있다. 꽃을 주제로 한 액자에는 라벤더, 로즈, 보리지, 캐모마일, 말로우, 로즈제라늄, 펜넬, 포피, 스위트바이올렛, 타임 등을 이용하는 것이 좋다. 또 잎을 주제로 한 것에는 야로우, 레몬밤, 펜넬, 탄지, 히숍, 아티초크(Artichoke) 등이 좋다. 이 밖에도 다양한 소재가 있으므로 우선 주변에서 구입하기 쉬운 소재를 이용하여 시험적으로 만들어 본다.

재료 두꺼운 켄트지나 도화지 1장, 허브 꽃이나 잎, 목공용 본드, 핀셋, 가위.

만드는 법 허브를 이용하여 액자를 만드는 것은 보기보다 매우 정교한 작업이다. 먼저 핀셋과 이쑤시개를 사용해서 꽃이나 잎의 뒤쪽에 본드를 바르고 소재의 독특한 맛을 살릴 수 있는 켄트지에 자연스러운 형태와 색조를 고려하여 붙인다. 잘 말린 뒤 허브의 이름이나 특징 등을 기록하고 액자로 만들면 매력적인 인테리어 작품이 된다.

염 색

유럽에서는 기원전부터 허브를 염색에 이용하였는데 주로 남색이나 붉은색 계통의 꽃을 이용하였다. 하지만 주위에서 쉽게 접할 수 있는 허브로도 염색이 가능하다.

염색에 적합한 허브에는 다이어즈캐모마일, 보리지, 오레가노, 바질, 민트, 세이지, 타임, 레몬밤, 치커리 등이 있으며 꽃이나 줄기, 잎, 뿌리 등 모두 이용할 수 있다. 쉽게 염색되는 천은 비단 등의 동물성 섬유이며 목면 등의 식물성 섬유나 화학 섬유는 잘 물들지 않는다.

재료 면포 100그램, 파슬리(Parsley) 등의 허브 300그램, 백반 약간, 소창.

만드는 법 염색 전에 허브를 깨끗하게 하는데 허브의 양은 염색하는 섬유의 무게로 정한다. 신선한 잎이라면 염색할 섬유 양의 3배 정도가 좋고 건조한 잎은 섬유 양의 절반 이상으로 하는데 허브 양에 따라 진하거나 옅게 염색이 된다.

염색은 염색할 천의 준비→염색액을 만듦→초벌 염색→물로 씻음→매염(妹染)→본염색→물로 씻음→건조의 순서로 한다.

먼저 염색할 천을 따뜻한 물에 담가 둔다. 그리고 스테인리스 냄비에 거칠게 썬 허브를 넣고 강한 불에서 30분 정도 끓인 다음 천에 걸러서 염색액을 완성한다. 염색액이 식으면 염색할 섬유를 넣어 초벌 염색을 한 뒤 물로 잘 씻어낸다.

다음은 섬유에 색을 정착시켜 색을 잘 내기 위한 작업인 매염을 한다. 매염은 사용하는 매염제의 종류에 따라 같은 허브라도 여러 가지 색으로 염색된다. 매염제로는 백반, 초산동, 목초산철 등이 이용되며 각기 다른 색을 내므로 시험해 본 뒤 사용한다. 매염제는 사용하는 재료에 따라 따뜻한 물 1리터에 백반 2그램, 초산동 1그램, 목초산철액 1시시를 각각 넣고 녹여 만든다. 녹이기 힘들면 가열하여도 좋다.

파슬리를 이용한 염색

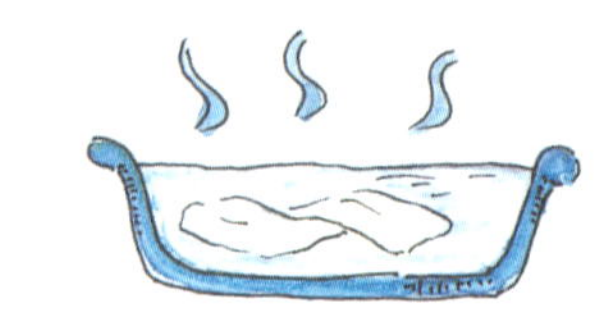

①면포를 따뜻한 물에 담가 둔다.

준비물
면포…100그램
파슬리…300그램
백반…약간
소창

②깨끗히 씻은 파슬리를 2리터의 물에 넣고 끓는 물에서 30분 동안 삶는다.

염액 만들기(염색할 천의 무게:파슬리의 양=1:3)

③소창을 깔고 잘 걸러내어 염액을 추출한다.

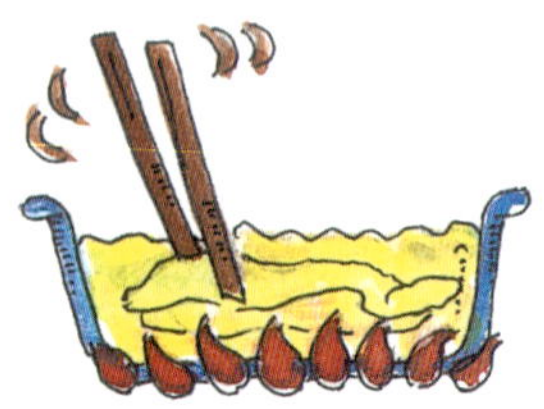

④만들어둔 염액에 물 2리터를 넣고 미리 준비해 둔 면포를 담가 70도를 유지하며 30분 동안 삶는다.

⑤불에서 내려 놓고 하룻밤을 재운다.

⑥흐르는 물에 잘 헹군다.

⑦매염액을 만든다(따뜻한 물:백반=1리터:2그램). 잘 저어 만든 매염액을 2리터의 물에 섞고 40도로 끓인다.

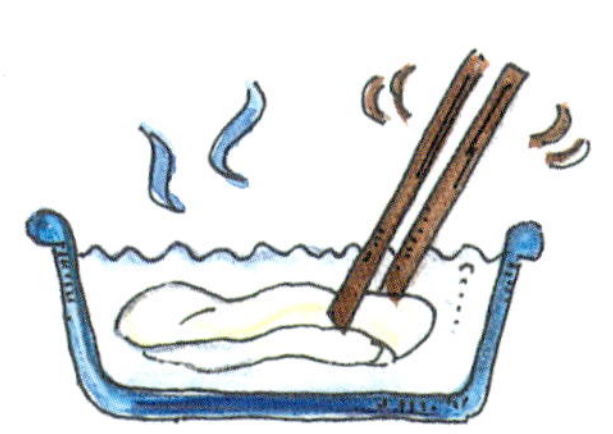

⑧면포를 가볍게 짜서 40도로 끓인 물에 넣어 골고루 잘 적신 다음, 30분 동안 담가 둔다.

⑨펼쳐 말린다.

매염액이 완성되면 초벌 염색한 섬유를 넣어 골고루 잘 적신 다음에 꽉 짜고 다시 초벌 염색을 한 염액 속에 넣어 본 염색을 한다. 초벌 염색과 본 염색 모두 강하게 하는데 모직물은 중불 80도 이하를 유지하면서 30분 이상 끓인 뒤 마지막에 물로 씻어서 그늘에서 말려 완성한다.

비 누

허브의 잎이나 줄기를 이용하여 만든 비누는 은은한 향을 즐길 수 있고 소재에 따라 약효와 미용 효과가 높아 매우 인기 있는 제품이며 누구나 간단히 만들 수 있다.

비누에 적합한 허브에는 캐모마일, 로즈메리, 라벤더, 민트, 세이지, 로즈 등이 있는데 각각의 기호에 따라 사용한다.

재료 저자극성 무색 · 무향인 고체형 비누 300그램, 드라이 허브 1컵, 벌꿀 약간, 허브 농축액 300그램, 식물성 기름, 에센셜 오일.

만드는 법 고체형 비누 300그램을 칼이나 강판으로 갈아 빈 그릇에 넣고 중탕한다. 그 안에 허브를 뜨거운 물에 우려내어 만든 허브 농축액과 벌꿀을 넣고 약한 불에서 부드러워질 때까지 휘저어 섞는다.

그 다음 잘게 부순 드라이 허브와 에센셜 오일을 몇 방울 넣고 다시 중탕 그릇에 넣어 진득진득해질 때까지 반죽한다. 손바닥에 식물성 기름을 바르고 비누를 동그랗게 만들어 말리면 완성된다.

틀을 이용하여 만들 때에는 틀 위에 랩을 깔고 식물성 기름을 얇게 바른 뒤 비누를 넣고 위로부터 강하게 눌러 평평하게 한다. 틀에서 빼내어 말리면 완성되는데 하트 모양이나 동물 모양의 틀을 이용하면 목욕을 싫어하는 어린이도 재미있게 쓸 수 있다.

캐모마일을 이용한 비누 만들기

재료
고체형 비누 3개(300그램)
캐모마일 농축액 300그램
드라이 허브 1컵
벌꿀 3테이블스푼
에센셜 오일 약간
올리브 오일 약간

①고체형 비누를 강판에 잘게 갈아
놓는다.

②캐모마일을 뜨거운 물에 우려내
어 허브 농축액을 추출한다.

③갈아 놓은 비누를 중탕하여 녹인 다
음, 허브 농축액과 벌꿀을 넣고, 진득
진득해질 때까지 잘 섞는다.

④진득해진 비누에 드라이 허브를
곱게 부수어 넣고 에센셜 오일을 몇
방울 떨어뜨려 잘 섞는다.

⑤랩을 깔고 올리브 오일을 바른 다음
반죽된 비누를 붓고 기포가 생기지 않
도록 눌러 말리면 완성된다.

차와 요리

허브로 만든 차는 식물에 포함되어 있는 유효 성분을 따뜻한 물에 녹여낸 자연적인 건강 음료이다. 또 요리에 허브를 넣으면 고기나 생선, 내장류의 냄새를 제거하는 동시에 단맛, 매운맛, 쓴맛, 신맛 등으로 맛에 변화를 줄 수 있다. 따라서 서양에서는 차와 요리에 다양하게 허브를 이용하고 있다.

허브 차

허브 차를 만들 때에는 주로 잎이나 꽃을 이용하는데 100도 정도의 뜨거운 물을 사용하면 맛있는 차를 즐길 수 있다.

재료 허브 잎이나 꽃 약간, 포트, 꿀이나 레몬 약간.

허브 차의 재료와 양은 허브에 따라 다르다. 페퍼민트나 스피아민트로 만든다면 1인분을 기준으로 3, 4장 정도의 잎이면 충분하다.

만드는 법 철분이 없는 유리나 도자기 포트를 미리 따뜻하게 준비해 놓는다. 1인분일 때에는 신선한 허브는 1큰술, 건조한 허브는 1작은술 정도를 넣고 뜨거운 물을 붓는다. 신선한 허브는 4～5분, 건조한 허브는 3분 전후로 우려내고 좋아하는 꿀이나 레몬 등을 첨가한다. 이때 주의할 점은 강한 약효 성분이 몸에 영향을 미칠 수 있기 때문에 불에 얹어 볶은 것은 금물이다.

차에 이용하는 허브에는 여러 가지가 있는데 레몬그래스를 이용하면 레몬향을 즐길 수 있다. 레몬밤은 긴장을 풀어 주는 효과가 높아 생잎이나 마른 잎 어느 쪽이라도 맛있는 차를 즐길 수 있다. 취향에 따라 민트, 레몬그래스, 레몬밤을 섞어서 만들어도 좋다. 살균 작용이 있다고 알려진 세이지 역시 좋으며 겨울에 로즈

메리 차를 마시면 혈액 순환을 도와 몸을 따뜻하게 한다. 이 밖에
도 캐모마일, 라벤더, 베르가모트, 사프란(Saffron), 제라늄, 포트
마리골드, 골든타임(Golden thyme), 펜넬, 딜, 히숍 등을 들 수
있다.

허브 차를 마시면 혈액 순환이 잘 되어 몸이 따뜻해지고 위가
상쾌해지며 기분이 느긋해지는 등 몸에 변화가 생긴다. 그렇지만
경우에 따라서는 개인 차가 있을 수 있다.

허브 차를 처음 마실 때에는 허브의 특성을 잘 모르는 상태이
므로 섞어 마시지 말고 한 종류씩 마시고 어떤 반응이 일어나는
지 살펴 자기 몸에 맞는 차를 찾는다.

✻ 허브 차의 효능

라벤더 : 진정 작용, 진통과 두통 해소, 기분 전환, 숙면 유도, 항
균 작용이나 고혈압에 효과가 높다.

레몬밤 : 진정 효과와 강장 작용, 원기 회복에 좋고 구역질이나

소화 불량에 효과가 있으며, 생리통을 완화시킨다.

로즈메리 : 원기 회복과 항균 작용에 효과가 있고 혈액 순환을 원할히 하며 피로 회복과 소화기 계통에 좋다.

마조람 : 체내의 독소를 배출하여 몸을 이롭게 한다. 고혈압에도 효과가 높다.

민트 : 식후의 소화 불량과 위통, 감기에 좋다.

페퍼민트 : 소화 촉진이나 피로 회복, 감기에 효과가 높다.

스피아민트 : 소화를 촉진하는 작용을 한다.

베르가모트 : 숙면에 좋다.

보리지 : 수유기에 모유를 내는 데 매우 좋으며 발한과 이뇨에 좋다.

세이보리 : 거담, 중풍, 이뇨에 효과가 있고 구충·방부 작용이 있으며 방부성의 입가심약으로도 사용된다.

하이비스커스를 이용한 허브 차

세이지 : 기분을 맑게 하고 흥분을 진정시키는 작용이 있으며 구강염이나 잇몸의 출혈과 구취 방지에 효과가 있다. 하지만 효력이 강하므로 연속하여 마시는 것은 피한다.

스위트바질 : 식욕 증진과 건위 작용에 좋다.

안젤리카 : 구풍(驅風)과 건위 작용에 좋다.

오레가노 : 특히 남성들이 좋아하는데 오한을 없애 주고 소화 촉진과 식욕 증진, 배 멀미에 좋다.

캐모마일 : 체온을 따뜻하게 해주며 발한 작용이 있어 감기에 효

과가 높다. 기분을 평온하게 해주므로 잠자기 전에 마시면 좋다.

코리안더 : 가벼운 진정 작용과 소화 촉진에 좋다.

콘플라워(Cornflower) : 이뇨 작용, 기관지염, 기침, 간장병에 효과가 있다.

타라곤 : 식욕 증진, 건위 작용, 소화 불량에 좋으며 체하거나 복부 팽만에 효과가 있다.

타임 : 피로 회복과 기침, 인후통, 구강염에 효과가 있다.

포트마리골드 : 소화 촉진, 위 · 십이지장궤양에 좋으며 생리통 완화나 생리를 순조롭게 하는 작용이 있어 여성을 위한 허브 가운데 하나이다.

펜넬 : 갱년기의 여러 증상을 완화시킨다. 산모의 모유가 잘 나오도록 하며 식욕 증진, 건위 작용, 체한 데에 좋다. 위장약의 원료로도 사용된다.

히숍 : 고혈압, 건위 작용, 감기 예방에 효과가 있으며 정신적 불안감과 가벼운 히스테리에 좋다.

시나몬 : 복부 팽만이나 감기에 효과가 높다.

로즈 : 혈액 순환을 원활히 하며 긴장을 풀어 준다.

재스민(Jasmine) : 기분을 고양시키며 내분비계를 조절한다.

하이비스커스(Hibiscus) : 대사 촉진, 강장, 이뇨 작용에 좋다.

레몬그래스 : 소화기계의 기능을 조절한다.

로즈힙(Rose hyp) : 레몬의 20배에 해당하는 비타민 C가 함유되어 있어 이뇨 작용에 효과가 높다.

허브 요리

허브는 생선, 육류, 야채 등의 요리에 다양하게 이용할 수 있는데 처음부터 너무 많이 사용하면 부작용이 생기기 쉬우므로 가족

의 반응을 보면서 조금씩 사용한다.

주의할 것은 허브의 양이다. 신선한 허브 1큰술이 건조한 허브 1작은술에 해당하기 때문에 환산을 잊지 않도록 한다. 또 사용하는 용도나 조리 시간도 중요한데 스튜나 수프처럼 고온이나 오랜 시간의 조리를 요하는 요리에는 향기가 잘 없어지지 않는 윈터세이보리(Winter savory), 오레가노, 세이지, 셀러리(Celery), 타임, 파슬리, 히숍, 펜넬, 로즈메리, 로럴 등이 알맞다.

반대로 요리가 끝날 때쯤 첨가하거나 열을 가하지 않는 요리에 사용하여 고유의 맛과 향을 살릴 수 있는 허브로는 코리안더, 타라곤, 차빌, 차이브, 딜, 바질, 민트, 레몬버베나 등이 알맞다.

이 허브들을 잘게 썰어서 피자, 샐러드, 수프, 소스 등에 섞으면 세련된 조미료가 된다. 또 싱싱한 허브의 잎이나 꽃은 요리의 장식으로도 쓰이는데 식탁의 장식을 시각적으로 풍요롭게 하는

66

데 도움이 된다.

한편 허브를 이용하여 버터나 오일, 비니거(식초)를 만들어 용도에 따라 손쉽게 사용할 수도 있다. 주재료는 일반 시중에서 판매하는 식물성 버터나 옥수수·콩·올리브 등으로 만든 식용유, 사과식초나 와인식초 등을 사용하여도 좋다. 만드는 방법이 간단하기 때문에 조금만 신경을 쓰면 가족의 건강은 물론 요리의 풍미를 즐길 수도 있다.

＊ 허브 버터

재료 식물성 버터 100그램, 스위트바질·타임·파슬리·민트 등의 허브, 유리병.

만드는 법 버터 100그램에 해당하는 허브의 양을 가족의 취향에 따라 조절한다. 우선 싱싱한 허브의 잎을 취하여 깨끗이 씻은 다음 수건 등을 이용하여 물기를 잘 말린다. 버터를 누굴누굴한 상태가 되도록 부드럽게 만든 다음 허브를 잘게 썰어 넣고 골고루 섞는다.

이것을 뚜껑이 있는 유리병에 담아 냉장 보관하거나 랩에 씌워 냉동 보관한다. 이때 주재료로 쓰인 허브의 잎을 한두 잎 따서 두면 어떤 허브 버터인지 알 수 있으며 장식의 효과도 있다.

싱싱한 허브 잎을 취하여 깨끗이 씻은 다음 물기를 말린다. 버터를 누굴누굴한 상태가 되도록 부드럽게 만든 다음 허브를 잘게 썰어 넣고 골고루 섞어 잘 보관한다.
허브 버터

✳ 허브 오일

재료 오일, 민트·로즈메리·세이지·타임·차이브 등의 허브, 유리병.

만드는 법 이용할 허브를 깨끗이 씻어 물기를 말리고 투명한 유리병에 넣는다. 그 병에 오일을 붓고 종이나 망사천으로 뚜껑을 만들어 덮는다.

맛과 향이 오일에 배도록 양지바른 곳에서 2주 동안 숙성시킨 다음 걸러내어 다른 유리병으로 옮긴다. 이때 새로운 허브 가지와 스파이스를 넣어 코르크 마개 등으로 밀봉, 저장하면 더욱 섬세한 향과 맛을 즐길 수 있다.

여기에 추가하는 스파이스는 허브의 종류에 따라 차이가 있는데 타임에는 통후추 6, 7알 정도를, 로즈메리·차이브·민트에는 마늘을 한두 쪽 넣어 주는 것이 좋다. 가정에서 만든 허브 오일은 6주 안에 사용하여야 한다.

생선 비린내를 없애고 수프나 샐러드에 잘 어울리는 오일에는 타임과 코리안더, 펜넬을 사용하고 육류에 잘 어울리는 오일에는 로즈메리, 마조람 등을 넣는다.

✳ 허브 비니거

재료 식초, 딜·민트·타라곤·타임·스위트바질 등의 허브, 유리병.

만드는 법 허브 오일과 만드는 방법은 같다. 주의할 것은 식초를 살짝 끓여서 넣어야 하며 숙성시키는 2주 동안 산이나 철분의 생성 방지를 위해 병의 밀폐에 신경을 써야 한다.

딜을 이용한 비니거를 만들 때에는 레몬 조각을 약간 넣어 준다. 그리고 모든 허브 비니거는 숙성 기간에 가끔씩 병을 흔들어

야 맛과 향이 고루 배도록 하는 것이
좋으며 6개월 안에 사용하여야
한다.

   허브 비니거는 맛에 큰 차
이가 있으므로 요리의 종
류와 가족의 입맛에 따라
용도와 양을 잘 조절하여
사용하는 것이 바람직하다.
허브 비니거는 생선이나 육류
의 비린내를 없애 주며 여러 가
지 소스나 샐러드를 만드는 데 즐겨
사용된다.

허브로 만든 비니거는
맛에 큰 차이가 있으므로
요리의 종류와 가족의
입맛에 따라 용도와
양을 조절하여 사용하는
것이 바람직하다.

요리에 따라 이용하는 허브

쇠고기 요리 : 세이지, 타임, 파슬리, 민트, 로즈메리, 로럴 등.

돼지고기 요리 : 오레가노, 세이지, 타임, 바질, 로즈메리, 로럴 등.

양고기 요리 : 코리안더, 타임, 바질, 로즈메리 등.

닭고기 요리 : 타임, 타라곤, 파슬리, 로즈메리, 로럴 등.

내장류 요리 : 윈터세이보리, 오레가노, 세이지, 세로리, 파슬리,
로럴 등.

생선 요리 : 스위트마조람, 셀러리, 타임, 타라곤, 딜, 파세리, 펜
넬, 레몬타임(Lemon thyme) 등.

계란 요리 : 코리안더, 타라곤, 차빌, 차이브, 딜, 바질, 파슬리
등.

야채 요리 : 윈터세이보리, 셀러리, 타임, 차이브, 딜, 바질, 파슬
리, 민트, 로즈메리 등.

아로마테라피

아로마테라피란 향을 이용한 치료법을 의미한다. 스트레스를 받았거나 피곤할 때 또는 피부가 거칠어졌을 때 허브나 에센셜 오일을 이용하여 심신의 건강과 활력뿐만 아니라 미용 효과를 높이고자 하는 것이다. 이때 쓰이는 에센셜 오일은 허브나 수목, 과일, 꽃 등에서 채집한 100퍼센트의 천연 방향 오일이다.

아로마테라피의 종류

아로마테라피는 용도에 따라 다양한 방법으로 누구나 쉽게 즐길 수 있다. 서양에서는 고대부터 아름다움을 유지하고 몸을 건강하고 청결히 하며 상처를 치료하기 위해 허브를 이용하여 왔다. 허브의 상쾌한 향이 심신의 긴장을 풀어 주며 몸을 따뜻이 해 주기 때문이다.

흡입 손수건이나 베개 등에 에센셜 오일을 몇 방울 떨어뜨려서 흡입한다. 또 세면기의 따뜻한 물에 1, 2방울의 오일을 떨어뜨리고 타올로 머리를 감싼 뒤 수증기를 흡입한다. 피부가 상했거나 코가 막혔을 때 효과가 높다.

습포 100∼200밀리리터의 따뜻한 물에 3∼4방울의 에센셜 오일을 떨어뜨리고 청결한 거즈나 면 타올을 이 물에 적신 뒤 짠다. 그것을 화상이나 타박상 등의 외부에 대며 경우에 따라서는 랩 등으로 밀폐한다.

목욕 허브의 향뿐만 아니라 약효를 이용하는 것이 허브 목욕이다. 허브 각각의 특징을 잘 살려 이용하는 허브 목욕은 한 종류로도 충분하지만 두세 종을 섞으면 효과가 더욱 좋다. 따라서 짝을 잘 맞추어 가족이나 자신에게 맞는 독특한 블렌딩을 만들 수도 있다.

　대표적인 목욕용 허브에는 캐모마일, 세이
지, 타임, 민트, 라벤더, 레몬그래스, 레몬
버베나, 로즈제라늄, 로즈메리 등이 있다.
　신선한 허브를 잘게 썰어서 한 컵 정도
준비하고 건조한 허브는 1/2∼2/3컵 정도
준비한다. 이때 직접 한 묶음을 탕 속에
넣어도 좋다. 준비된 허브를 면 주머니에
넣어 물을 받기 시작하면서부터 욕조에 넣고 허브 오일을 몇 방
울 떨어뜨리기도 한다.

흡입
손수건이나 베개 등에
에센셜 오일을 몇 방울
떨어뜨려서 흡입한다.
피부가 상했거나 코가
막혔을 때 효과가 높다.

　허브를 넣은 따뜻한 욕탕에 10∼15분 정도 들어가 있으면 허브
향으로 인해 피로 회복과 정신 안정에 좋고 모공이 열리면서 노
폐물이 제거되어 매끈하고 탄력 있는 피부를 유지할 수 있다. 다
만 어린이나 민감한 피부에는 캐리어 오일(식물유)이나 우유에
섞어 사용한다. 허브를 많이 넣어도 잘 물들지는 않지만 흰색 타
올 등에는 엷게 착색할 염려가 있으므로 주의한다.

허브 목욕
허브 각각의 특징을
잘 살려 이용하는
허브 목욕은 한 종류로
충분하지만 2, 3종을
섞으면 효과가 더욱
좋다.

＊ **허브 블렌딩**

·피부를 촉촉하게 하고 몸과 마음까지 따뜻해진다.

캐모마일 4큰술＋로즈메리 2큰술＋민트 4큰술.

·좋은 향기로 피로를 풀고 숙면을 취한다.

라벤더 4큰술＋민트 2큰술＋로즈 2큰술＋레몬그래스 3큰술.

캐모마일, 라벤더, 민트, 세이지, 레몬그래스 각각 2큰술.

·몸 전체에 생기가 넘치는 것처럼 산뜻해진다.

로즈메리 5큰술＋민트 3큰술＋세이지 2큰술.

·꽃 향기로 느긋하게 몸의 긴장을 풀 수 있다.

로즈제라늄 5큰술＋레몬버베나 2큰술＋캐모마일 3큰술.

각각 재료의 양은 건조한 꽃과 잎의 분량이다.

족욕(足浴) 차가운 물에 에센셜 오일을 넣어 이용할 때에는 심신이 상쾌해지며 따뜻한 물일 때에는 긴장을 풀어 준다. 대개 2～3방울의 에센셜 오일을 넣고 15분 정도 발을 담근다.

또는 라벤더 2큰술, 민트 1큰술, 타임 1큰술, 굵은소금 2큰술을 헝겊 주머니에 싸서 세면기 등에 넣고 뜨거운 물이 적당한 온도가 되면 발을 복숭아뼈 있는 곳까지 넣는다.

마사지 캐리어 오일(carrier oil)인 스위트아몬드 오일(Sweetalmond oil) 등의 식물유와 호호바 오일(Jojoba oil)에 에센셜 오일을 섞어 만든 마사지용 오일을 사용하여

차가운 물에 에센셜 오일을 넣으면 심신이 상쾌해지고, 따뜻한 물일 때에는 긴장을 풀어 준다.
족욕법

아로마포트

룸스프레이

신체의 각 부분을 마사지한다.

아로마포트(방향기) 아로마포트 증발 접시에 물을 넣고 좋아하는 에센셜 오일을 몇 방울 떨어뜨린 뒤 밑에서 촛불로 물을 데워 향기가 퍼져 나가게 하는 것이다. 증발 접시의 물은 두 시간 정도면 마르기 때문에 주의해야 한다.

룸스프레이 분무기에 물을 넣고 에센셜 오일을 2~3방울 넣어 집안의 향기를 바꾸고자 할 때 뿌린다.

마사지하기

여러 가지 아로마테라피의 종류 가운데 가장 효과가 높은 것은 마사지이다. 그 이유는 에센셜 오일을 사용하여 신체를 마사지함에 따라 육체적 · 정신적 효과를 동시에 얻을 수 있기 때문이다.

마사지를 하기 위해서는 우선 마사지 오일을 만들어야 하는데 그 오일에는 순도 100퍼센트의 식물유를 써야 한다. 식물유에 에센셜 오일을 섞어 마사지를 위한 오일을 만든다. 이때 에센셜 오일의 농도가 중요하므로 좋은 품질의 오일을 잘 선택하여야 한다.

마사지 오일의 재료 캐리어 오일, 에센셜 오일 1~3종, 계량컵, 빛을 차단시키는 병.

에센셜 오일은 우선 본인이 좋아하는 향을 선택하고 그 다음에 어떤 용도로 쓸 것인가 목적에 맞도록 선택하는 것이 중요하다. 한 종류만 사용해도 좋지만 블렌딩을 만들어 상승 효과를 높일 수도 있다.

처음에는 전문가의 자문을 얻든가 전문 서적을 참고로 하는 것이 쉽고 안심할 수 있다. 에센셜 오일의 블렌딩의 수는 2, 3종을 기준으로 하는 것이 좋다.

마사지 오일의 분량 1밀리리터의 에센셜 오일은 20방울 정도에 해당한다. 100밀리리터의 캐리어 오일에 1퍼센트 농도의 오일을 만들고자 하면 1밀리리터 곧 20방울의 에센셜 오일을 넣는다. 여러 종류를 조합할 때는 합계 20방울을 넣으면 된다.

유럽에서는 대개 얼굴용에 1~3퍼센트, 신체용에 2~5퍼센트 정도를 에센셜 오일의 농도로 함유한다. 하지만 우리는 서양인과 체질도 다르고 집에서 하는 치료이기 때문에 얼굴용에 0.5퍼센트, 신체용에 1~2퍼센트로 하는 것이 좋다.

25밀리리터의 캐리어 오일에 1퍼센트 농도의 오일을 만들려면 에센셜 오일 5방울 정도를 넣으면 된다. 이때 에센셜 오일의 비율은 효과나 향의 강함을 결정한다.

1회에 사용하는 마사지 오일의 양은 몸 전체에 20~30밀리리터, 얼굴과 가슴 부위에 약 5밀리리터, 다리와 발에 약 8밀리리터를 기준으로 한다. 5밀리리터의 분량은 커피 스푼으로 2개 정도이다.

마사지 오일 만드는 법 사용할 분량을 결정한 뒤 계량컵으로 캐리어 오일을 넣는다. 사용하는 에센셜 오일을 1~3종 정하여 사용할 농도에 따라 오일을 넣고 가볍게 흔든다. 그리고 빛이 차단되는 병에 넣어 뚜껑을 닫고 더욱 힘껏 흔든다. 캐리어 오일의 이름과 블렌딩 이름, 만든 날짜 등을 써넣은 라벨을 붙인다.

＊ **효능에 따른 오일 블렌딩**

①몹시 피로한 마음을 진정시키며 긴장을 풀어 주는 효과가 있다. 각 블렌딩을 25밀리리터의 식물유에 혼합하여 사용한다.

· 클라리세이지(Clary sage) 3방울＋쥬니퍼베리(Juniper berry) 2방울

· 캐모마일 2방울＋라벤더 4방울

· 클라리세이지 3방울＋샌들우드(Sandal wood) 2방울

· 라벤더 4방울＋제라늄 2방울

· 캐모마일 1방울＋샌들우드 5방울

· 클라리세이지 3방울＋라벤더 2방울

· 캐모마일 2방울＋라벤더 3방울＋제라늄 1방울

· 샌들우드 2방울＋라벤더 2방울＋제라늄 1방울

· 클라리세이지 3방울＋라벤더 2방울＋샌들우드 1방울

· 쥬니퍼세이지 2방울＋라벤더 2방울＋샌들우드 2방울

②스트레스를 받았거나 우울하여 침체되었을 때 원기 회복의 효과가 있다.

· 쥬니퍼베리 3방울＋레몬 2방울

· 로즈메리 3방울＋레몬 2방울

· 로즈메리 3방울＋제라늄 2방울

· 쥬니퍼베리 2방울＋레몬 1방울＋로즈메리 3방울

· 제라늄 2방울＋로즈메리 1방울＋쥬니퍼베리 3방울

각 블렌딩을 25밀리리터의 식물유에 혼합하여 사용한다.

③근육통이 있을 때에는 근육이 피로하여 결린 데에 효과적인 로즈메리와 통증을 풀어 주는 라벤더를 사용한다.

④지성 피부일 때에는 피지의 분비를 정상적으로 조절해 주는 쥬니퍼베리와 흡수 작용이 있는 레몬, 피부 균형의 조절에 효과적인 샌들우드를 사용한다.

⑤불면증이 있을 때에는 라벤더 오일을 타올이나 손수건에 몇 방울 묻혀서 베개 위에 놓아 발산하는 향을 맡도록 한다. 또 아로마포트를 사용하거나 욕조에 6방울의 오일을 떨어뜨려 목욕하면 놀라울 정도의 효과를 볼 수 있다.

패치 테스트(Patch Test) 마사지 오일이 완성되면 이용하였을 때 반점이 생기지 않는지 등을 확인하기 위해 패치 테스트를 한다. 특히 민감한 피부나 알레르기 체질인 사람은 신중히 사용하여야 한다.

패치 테스트의 방법은 귀 뒤나 가슴 중앙 부위에 캐리어 오일 한 방울을 바르고 12시간을 기다린다. 반응이 없으면 에센셜 오일을 다시 한 번 같은 장소에 바르고 다시 12시간 정도의 상태를 본다. 이때 이상 반응이 나타나면 사용하지 말아야 한다.

또 정맥류(靜脈瘤)나 심장병, 천식, 암 등이 심하거나 급성 구역질 증상, 발열, 통증이 있는 임산부는 마사지를 중지하여야 한다.

＊ **마사지하는 법**
· 목과 가슴 부위의 마사지

목과 가슴 부위의 마사지
양손을 펴서 목선에서 가슴 부위를
향하여 오일을 바르며 마사지한다.
오른손을 펴서 가슴 중앙부로부터
임파선이 있는 오른쪽 겨드랑이를
향하여 마사지하고 왼손바닥을 사용하여
같은 방법으로 겨드랑이 쪽으로
마사지한다.

얼굴과 목, 가슴의 손질은 자신감을 불러일으킨다. 얼굴을 손
질할 때 목과 가슴 부위까지 오일을 발라 주어 함께 마사지한다.
얼굴, 목, 가슴 부위는 하나의 연장선상으로 함께 손질하여 아름
답게 연출한다.

우선 양손을 펴서 목선에서 가슴 부위를 향하여 오일을 바르며
마사지한다. 오른손을 펴서 가슴 중앙부로부터 임파선이 있는 오
른쪽 겨드랑이를 향하여 마사지한다. 그리고 왼손바닥을 사용하
여 같은 방법으로 왼쪽 겨드랑이 쪽으로 마사지한다. 이것을 좌
우 교차해 가며 마사지한다.

· 아름다운 가슴을 위한 마사지

마사지와 적당한 운동 등으로 어렵지 않게 아름다운 가슴을 만

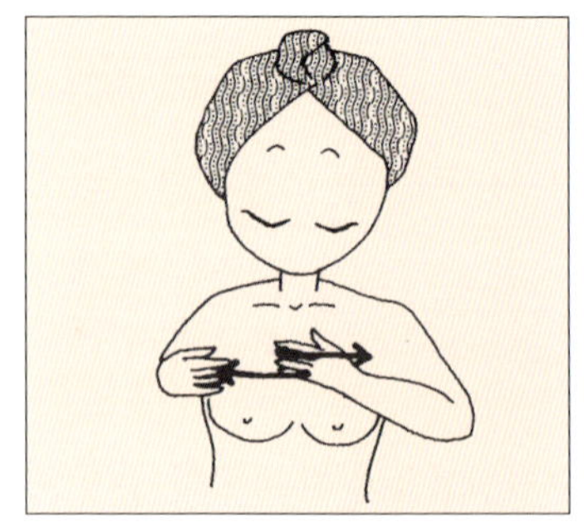

들 수 있다. 이때 마사지와 함께 가슴을 지탱해 주는 대흉근을 단련하는 운동을 해주는 것이 이상적이다. 대흉근을 단련하기 위해서는 스포츠 머신 등을 이용하는 방법도 있다.

먼저 가슴 중앙부에서 양 겨드랑이를 향하여 좌우 교차하며 가볍게 마사지한다. 가슴 밑에서 양손으로 들어올리듯이 하여 가슴선을 따라서 겨드랑이를 향하여 가볍게 마사지한다. 첫번째 동작을 계속해서 반복한다.

가볍게 할 수 있는 대흉근 운동은 양손을 합쳐 합장한 뒤 서로 힘을 주어 열까지 세고 힘을 뺀다. 이러한 동작을 10~20회 반복한다.

허브 가든

허브의 특성에 따라 조성된 허브 가든에서는 손쉽게 꽃, 잎, 줄기, 종자 등을 이용할 수 있다. 그런데 차, 포푸리, 드라이 플라워, 샐러드, 비니거 등을 만들어 즐겁고 유익한 허브 생활을 만끽할 수 있다.

개인의 허브 가든에서는 취향이나 개성을 살려서 꾸밀 수 있으나 공공 기관이나 기업에서 만든 대규모의 허브 가든에서는 방문자들의 시각, 청각, 후각, 미각, 촉각 등의 오감에 만족할 수 있도록 허브가 갖고 있는 특성을 최대한 활용하여 설계하고 계획하여야 한다.

예를 들어 용도별, 개화 시기별, 꽃 색깔별 등으로 세분해서 조성하면 그 변화의 매력에 경탄하게 된다. 또 원산지별로 분류해 보아도 매우 흥미로운데 지중해 연안이나 중남미가 원산지인 허브군은 그 양상이 다르게 나타나기 때문이다.

이에 따라 각 구획별로 세계 민족 고유의 역사나 문화 생활을 엿볼 수도 있다. 마늘, 양파 등의 우리나라 고유 허브도 심어 놓으면 방문자들은 아마도 '이것도 허브였나' 하고 반문하면서 흥미로워할 것이다.

한편 가든을 조성할 때는 신뢰할 수 있는 허브 농원이나 허브 샵에서 묘목이나 종자를 선택하고 월동 가능 여부를 파악하는 것이 무엇보다 중요하다.

용도별 식재

허브 가든의 즐거움 가운데 하나는 허브의 용도별 식재를 계획하여 각각의 특색을 연출하는 것이다. 요리, 차, 염색, 포푸리, 미

핫필드의 허브 가든

용, 향료(향수), 약, 관상 등의 용도로 나눌 수 있으나 요리용 허브는 육류용과 생선용으로 다시 나눌 수 있고 허브 차는 미용과 약용으로, 약용은 약효별로도 분류할 수 있다.

또 반음지에서 자라는 허브, 비료가 필요없는 허브 등 특성에 따라 나눌 수 있으며 꽃색에 의한 분류도 가능하다. 영국의 시싱허스트캐슬가든(Sissinghust castle garden)의 화이트 가든은 흰색을 주제로 하여 분류된 대표적인 가든이다.

이렇게 선진 외국에서는 주제에 따라 허브 가든을 만들어 실생활에 응용하고 있다. 일본 나가노 현(長野縣)의 한 병원에서는 환자의 심리적 안정을 통한 치료 효과를 얻기 위해 허브 가든을 꾸미고 있다. 또 야마나시 현(山梨縣)에서는 라벤더를 주제로 허브 축제를 개최하여 지역 경제에 커다란 이익을 얻고 있다.

가정에서 만드는 허브 가든

도시에서 살고 있는 사람들은 대부분 편리하고 합리적인 인공 구조물에 둘러싸여 자연을 느끼지 못하고 있는 때가 많다. 그나마 도시 생활에서 마주치는 식물이나 동물은 대부분 불균형 형태로 재배되거나 사육되는 경우가 많다. 이러한 가운데 허브는 도시에 사는 우리에게 자연의 신비함을 느끼게 해주는 식물이다.

가정에서 이용하는 대표적인 허브 가든에는 키친 가든, 허브 티 가든, 베란다 가든 등을 들 수 있으며 인테리어 허브 가든으로는 관상이나 꽃꽂이용의 플라워 가든이나 포푸리 가든 등을 들 수 있다. 이렇게 꾸민 허브 가든에서 관상과 향을 즐기고 그 자리에서 수확한 허브로 샐러드, 수프를 만들거나 비니거, 버터를 만들고 차를 즐길 수도 있다.

여기에서는 가정에서 꾸밀 수 있는 허브 가든으로 키친 가든, 허브 티 가든, 포푸리 가든에 대해 소개하기로 한다.

키친 가든 키친 가든은 요리에 사용되는 허브를 중심으로 심는 가든이다. 키친 가든에 이용되는 허브는 수없이 많지만 조성할 공간이나 용기에 맞추어 허브를 고르는 것이 중요하다. 예를 들어 펜넬은 약 2미터까지 성장하지만 스위트바이올렛은 15센티미터 정도만 성장하므로 각 허브의 성질과 줄기 위에 많은 가지가

영국 시싱허스트캐슬 가든의 화이트 가든은 흰색을 주제로 분류되어 있다.

시싱허스트캐슬 가든

달리는 부분인 수관(樹冠)의 폭을 고려하여야 한다.

또 용도에 따라 구분하여 심는 것도 중요하고 재미있는데 샐러드용에는 차이브, 치커리, 차빌, 파슬리 등이 있고 스파이스 대용으로는 세이보리, 히숩 등을 들 수 있다. 고기나 생선 요리에는 딜, 펜넬, 세이지, 로즈메리 등을 이용한다. 용도에 따라 공간이나 용기를 나누어 예쁘게 꾸민 키친 가든은 매우 유익하게 활용될 수 있다.

키친 가든용 허브에는 딜, 레몬밤, 로즈메리, 마조람, 페퍼민트, 스피아민트, 보리지, 스위트바질, 세이지, 오레가노, 윈터세이보리, 차이브, 차빌, 코리안더, 타라곤, 타임, 펜넬, 히숩, 스위트바이올렛, 로켓, 치커리, 캐러웨이(Caraway), 샐러드버넷, 나스터튬, 고추, 들깨, 마늘, 양파 등이 있다.

허브 가든의 즐거움 중 하나는 허브의 용도별 식재를 계획하여 각각의 특색을 연출하는 것이다.
핫필드 가든

허브 티 가든 허브 차에는 허브의 잎과 꽃을 많이 이용하기 때문에 허브 티 가든을 조성하면 연중 예쁘고 신선한 허브를 즐길 수 있다. 허브 종류는 튼튼하고 생육이 좋은 허브를 선별하는 것이 좋다.

꽃이 좋은 허브에는 스위트바이올렛, 캐모마일, 말로우, 라벤더, 포트마리골드, 보리지 등이 있으며 향이 좋은 허브에는 레몬버베나, 베르가모트, 스위트바질 등이 있다. 잎을 사용하는 것으로는 레몬그래스, 레이디스맨틀(Lady's mantle), 로즈메리, 타임, 히숍 등이 있고 연중 계속 취할 수 있는 허브로는 레몬밤, 민트, 딜, 펜넬 등이 있다.

가족의 건강과 미용을 고려하여 허브 티 가든을 꾸민다면 유익하고 즐거운 삶을 연출할 수 있다.

포푸리 가든 포푸리 가든은 방향이나 인테리어에 이용할 목적으로 조성하는 허브 가든을 말한다. 포푸리 가든에 조성된 허브의 꽃이나 잎, 줄기, 뿌리 등을 포푸리로 만들어 호리병이나 접시에 담아서 방향을 즐기거나 인테리어에 이용한다. 또 예쁜 헝겊

주머니에 넣어 의류나 서랍, 옷장, 화장실, 신발장 등의 좀 퇴치
용이나 악취 방지용으로 사용한다.

따라서 이런 용도로 이용할 허브를 고려하여 가든을 꾸미는 것
이 중요한데 향이 오래가며 해충을 제거하는 피버퓨, 산토리나,
로즈메리와 꽃의 향이 좋은 크로브핑크, 센티드제라늄 등은 포푸
리 가든에서 빼놓을 수 없는 허브이다. 그 밖에 딜, 라벤더, 레몬
밤, 루, 민트, 베르가모트, 야로우, 오레가노, 캐모마일, 타임, 포
트마리골드, 펜넬, 히숍 등의 허브도 좋다.

초록 향기 나는
허브들

디기타리스

Foxglove···Digitalis purpurea

디기타리스는 다년초이며 유럽 서부와 남부가 원산지이다. 1 ~1.5미터 길이의 줄기에 솜털이 있으며 잎은 달걀꼴 피침형이고 가장자리가 무딘 톱니처럼 생겼다. 갈색을 띤 녹색의 잎 뒤쪽은 솜털로 덮여 있다.

여름에 줄기의 맨 끝에서 분홍색, 백색, 황색 등의 꽃이 대롱형 으로 피는데 총상(總狀) 꽃차례를 이룬다. 뒤의 흰꽃은 30~60센 티미터의 길이의 줄기에 곡식의 이삭 모양인 수상(穗狀) 꽃차례 로 핀다.

디기타리스는 양지바르며 비옥한 토양을 좋아한다. 본잎이 5 장 정도 나왔을 때 정식하는데 이때 포기 간격을 20센티미터 이 상 띄우고 꽃대가 커지면 받침대를 세운다. 화분 재배를 할 때는 큰 용기를 선택하는 것이 좋다. 거름은 부엽토와 완숙한 웃거름

을 주며 겉흙이 마르면 물을 주는데 월 2, 3회 정도 화학 비료를 묽게 물과 함께 준다.

꽃이 피면 적당히 솎아 줄기를 충실하게 한다. 잎에는 강심 작용이 있는 배당체(配糖體)가 있는데 5~10월 사이에 수확하여 말려서 이용한다.

디기타리스는 봄에 파종하거나 포기나누기를 해서 번식한다. 꽃이 피고 난 뒤 2, 3주 단위로 포기나누기를 하거나 씨를 받아 뿌린다.

쓰임새

디기타리스는 유럽의 허브 가든이나 노지에서 흔히 볼 수 있는 매우 독특한 허브이다. 큰 꽃이 아름답게 피기 때문에 동적인 인상을 주고 싶을 때 사용하면 좋지만 독이 있어 취급할 때 주의가 필요하다.

충실한 줄기에 겹쳐서 활짝 핀 꽃을 하나씩 수확하여 통풍이 잘 되는 응달에서 말린다. 꽃의 색이 선명하고 형태가 독특하기 때문에 리스로 사용하기에 좋고 염료로도 쓰이는데, 신선한 꽃을 염료로 사용하면 옅은 황색의 물이 든다.

딜

Dill···Anethum graveolens

딜
오랜 역사를 가진 딜은 지름이 15센티미터 정도인 부채 모양으로 밀집하여 맨 윗부분에 황색의 작은 꽃이 핀다.

딜은 신약 성서에 나올 정도로 오랜 역사를 가진 허브이다. 예부터 딜의 익은 열매를 말려 요리나 차에 이용하면 식욕 증진과 소화 촉진에 도움이 되었다고 한다. 어린이의 소화기나 복부 팽만 치료에도 효과가 있고 말의 복통약으로도 쓰였다.

딜이 소화 기관을 진정시키는 효능이 있다고 믿었기 때문에 '달래다, 진정시키다' 라는 의미의 고대 스칸디나비아어 'dilla' 에서 그 이름이 유래하였다.

딜은 지중해 연안이나 서아시아, 인도, 이란 등지에서 자생하는 미나리과의 일년초로 1미터 이상 자란다. 특히 잎은 작은 깃털처럼 생겼고 솜털로 덮여 있다.

추위에는 매우 강하지만 여름의 고온 건조에는 약하기 때문에 물을 줄 때 주의하여야 한다. 배수가 좋고 통풍이 잘 되는 양지바른 모래땅에서 잘 자라지만 많은 양분을 흡수하기 때문에 거름이 필요하다.

대개 1미터 이상 자라기 때문에 화분보다 정원에서 재배하는 것이 적당하다. 종자가 날아가 떨어지면 가을에 정원의 이곳저곳에서 부드러운 싹이 돋아나는 것을 발견할 수 있다. 화분에 재배할 때는 되도록 크고 깊은 화분을 선택하고 흙이 마르기 전에 물을 주어야 한다. 노지에서는 포기 간격을 30센티미터 정도로 하고 받침대를 세워 주는 것이 좋다.

옮겨 심는 것을 싫어하므로 3월 초순에서 11월 중순에 정원이나 플랜터에 직접 파종한다. 4월 중순에서 8월 중순에 꽃이 피는데 이른봄에 파종하면 초여름에 겹친 부챗살 모양의 복산형(複繖形)으로 꽃이 피는데 지름이 15센티미터 정도이며 맨 윗부분에 황색의 작은 꽃이 밀집하여 핀다.

딜은 전체적인 모양이 펜넬과 유사하고 교잡(交雜)하기 쉽기 때문에 종자를 채집할 때 옮겨 재배하는 것이 좋다. 교잡한 종자로부터 생긴 품종은 향기나 맛의 품질이 떨어지는 일이 많으므로 직접 씨를 받아 재배할 때는 3년에 한 번 정도 종자를 구입하여 바꾸는 것이 좋다.

씨받기는 6월 초순에서 8월 하순에 하며 초가을이 되어 종자가 갈색으로 변하면 줄기를 베어 건조시켜 보존한다. 수확은 보통 4월 중순에서 8월 하순에 한다.

쓰임새

딜은 전체에 방향이 있기 때문에 꽃과 부드러운 잎, 줄기는 물론 종자까지 모두 이용할 수 있지만 잎과 줄기보다는 종자쪽이 더 강한 풍미를 지니고 있다.

딜은 캐러웨이처럼 산뜻한 향기가 나기 때문에 어떤 재료의 요리에도 잘 어울린다. 하지만 뒷맛이 톡 쏘듯이 맵기 때문에 약간 적은 듯하게 사용하는 것이 좋다. 케이크나 쿠키를 만들 때 종자를 넣기도 하고 분말로 만들어 피클이나 마리네이드(marinade)의 향을 내는 데 쓰이기도 한다.

또 포테이토를 이용한 요리를 만들거나 파이 껍질의 빵 맛을 낼 때 소스나 야채 주스 등에 섞어 조미료로 사용한다. 특히 독특한 방향이 있는 잎의 정유가 비린내를 제거하는 데 큰 역할을 하기 때문에 생선 요리에 없어서는 안 될 대표적인 허브이다.

북유럽과 동유럽, 러시아 요리에 많이 쓰며 부드러운 잎을 잘게 썰어 수프나 샐러드에 곁들이기도 하고 요리의 장식에도 이용한다. 또 줄기를 로럴이나 타임 등과 함께 큼직하게 썰어 야채나 육류를 끓이는 요리에 사용한다.

개화 전에 부드러운 잎을 따서 잘게 썰어 상온에서 버터에 섞어 냉장고에 넣어 두면 허브 버터 상태로 저장이 가능하다. 또 딜 익은 녹색의 열매를 화이트 와인이나 올리브 오일에 며칠 동안

성장기의 딜

독특한 방향이 있는 잎의 정유가 비린내를 제거하는 데 큰 역할을 하므로 생선 요리에 없어서는 안 될 대표적인 허브이다.

넣어 두면 산뜻한 향을 지닌 드레싱 비니거가 되는데 샐러드 요리에 사용하면 좋다.

꽃이 지고 꽃봉오리가 시들면 줄기마다 길게 잘라 통풍이 잘 되는 응달에 매달아 말려 포푸리나 드라이 플라워로 이용할 수도 있다.

딜은 고대 이집트 바빌론의 시대부터 중요한 약초로 사용되었으며 중세 유럽에서는 습포제로도 쓰였다. 두통 해소, 건위, 강장, 구취 제거, 안면(安眠)에 효과가 있고 동맥 경화 예방과 당뇨병이나 고혈압 환자의 감염식(減鹽食)에 맛을 낼 때 쓰이기도 한다. 신경질적이고 밤에 잘 우는 아이나 경기를 일으킨 유아에게도 효력이 있다.

현재 독일의 병원에서는 신생아나 입원 환자의 안정과 숙면을 위해 딜 성분이 함유된 음식물을 처방하고 있다. 딜에서 추출된 정유는 비누, 샴푸, 치약 등의 향료로도 이용된다.

라벤더

Lavender···Lavandula spica

'향의 여왕'으로 불리는 라벤더는 수많은 허브 가운데 가장 많이 알려진 인기 품종이다. 라벤더의 매력은 초여름 푸른 하늘을 배경으로 구릉에 펼쳐진 보라색 물결의 풍경과 짙은 향기일 것이다.

라틴어로 '씻다(lavare)'라는 의미를 가진 라벤더는 그리스·로마 시대부터 입욕제로 쓰였으며 중세에는 세탁물의 향을 내는 데도 사용되었다. 또 라벤더의 정유는 방향요법에 진정제로 이용되었다. 현재 28종 이상의 변종이 있으며 상록 소저목의 다년초이다.

지중해 연안이 원산지이며 0.15 ~1미터까지 자라기도 한다. 종류에 따라 6월 중순에서 8월 초순까지 약 50일 동안 보라색, 자색, 분홍색, 백색 등의 꽃이 핀다. 방향유 성분이 잎과 꽃의 표면을 얇게 덮고 있어 빛나는 것처럼 보이기 때문에 관상용 허브로 인기가 높은데 개화기 때는 그 화려함이 더욱 빛을 발한다.

허브 중에서도 라벤더는 발아와 생육이 까다로운 편이어서 특히 신경을 써서 재배해야 한다. 여름의 습기와 더위를 싫어하고

라 벤 더
향의 여왕으로 불리는 라벤더는 허브 가운데 가장 알려진 품종이다. 특히 관상용 허브로 인기가 높은데 개화기 때 그 화려함이 더욱 빛을 발한다.

꺾꽂이나 씨뿌리기로
번식한 묘목은
다음해에 개화기를
맞게 된다. 라벤더의
수확은 6월 중순에서
7월 중순에, 씨받기는
7월 중순에서 8월
중순에 한다.

비옥한 땅보다는 유기질이 적은 석회질 토양을 좋아하기 때문에
배수와 통기성에 각별한 주의가 필요하다.

양지바르고 배수가 좋은 남향의 경사진 곳이 최적이며 칼슘 성
분을 많이 포함한 약알카리성의 석회질 토양이 좋다. 그러므로
몇 년에 한 번씩 석회를 뿌려 주어 생육 환경을 갖추어 주는 것이
좋다. 질소 성분을 많이 포함한 흙이나 통기성이 나쁘고 습기가
많은 땅에서는 잘 자라지 않는다.

건조에는 강하지만 겉흙이 마르면 조금씩 물을 주고 장마가 계
속될 때에는 비를 피하여 과습한 상태를 방지하여 주어야 한다.
병충해에 강하고 종류에 따라 월동도 가능하나 수경 재배에는 부
적합하다. 화분 재배를 할 때는 뿌리가 썩기 쉬우므로 물주기에

주의하고 초가을에 가지치기를 하는 것이 좋다.

라벤더의 파종 시기는 4~9월까지인데 무균·무비료의 청결한 토양에 종자를 심으면 10~15일 후에 발아를 시작한다. 이때 물의 양은 아주 적은 듯하게 주는 것이 좋다.

꺾꽂이와 씨뿌리기, 포기나누기로 번식할 수 있으며 꺾꽂이는 이른봄부터 늦은 가을까지 어느 때나 할 수 있다. 봄이나 가을에 새로 자란 줄기의 앞부분을 15센티미터(종류에 따라서는 3~5센티미터) 정도로 잘라서 밑부분의 잎은 떼어내고 버미큘라이트나 무균류의 토양에 2센티미터의 깊이로 꺾꽂이한다. 통풍이 잘 되고 약간 그늘진 장소에 놓아 두면 약 3주 뒤에는 뿌리를 내리기 시작한다. 이때 꺾꽂이의 묘상이 다습하지 않도록 주의해서 관리하고 충분히 뿌리를 내린 꺾꽂이 싹은 비료분이 적은 흙이나 용기에 옮겨 심는다.

이식할 흙에는 특별히 비료나 부엽토를 넣지 않아도 되며 이식한 뒤에 아주 적은 양의 석회질 비료를 밑부분에 주면 충분하다. 이식은 주로 2월 하순에서 10월 하순까지 하며 화분에 심을 때에는 칼슘, 인산 등이 섞인 골분(骨粉)을 흙 분량의 10퍼센트 정도 더해 주는 것이 좋다.

꺾꽂이나 씨뿌리기로 번식한 묘목은 다음해 6월 하순에서 8월 초순에 걸쳐 개화기를 맞게 된다. 라벤더의 수확은 6월 중순에서 7월 중순에 하고 씨받기는 7월 중순에서 8월 중순에 한다.

쓰임새

고품질의 라벤더는 여러 용도로 쓰이는데 특히 꽃, 잎, 줄기 등 식물 전체에 방향이 있어 관상용은 물론이고 포푸리나 각종 미용재에 적합하다. 꽃봉오리는 포푸리, 목욕제, 화장수, 마사지 오일 등을 만드는 데 쓰이고 꽃에서 추출한 정유는 향수나 화장품, 비누 등의 방향유로 사용된다. 또 정신 안정과 진정 작용뿐만 아니라 살균과 방충 효과가 있어서 약용으로도 쓰이며 밀원 식물로도 이용 가치가 매우 높다.

드라이 플라워를 만들 때는 날씨가 좋은 오전중에 보라색을 띤 개화 전의 봉오리를 베어 통풍이 잘 되는 응달에 매달아 말린다. 생화로 장식할 때에는 꽃이 핀 뒤에 줄기 밑부분을 여유 있게 베어 이용하고 관상용으로 이용할 때는 꽃이 진 뒤에 2마디 정도 남기고 베어낸다. 수확이 끝난 자리에는 다음해를 위해 골분 등의 비료를 웃거름으로 주는 것이 좋다.

요즘에는 거의 사용하지 않지만 옛날에는 라벤더를 쿠키나 케이크, 사탕을 만드는 데 첨가하였다. 지금은 고급 레스토랑이나 호텔에서 라벤더 비니거를 샐러드의 드레싱이나 마리네이드의 향미로 이용하는 정도이다. 화려한 색의 꽃잎과 강한 방향 때문에 포푸리로 적격이고 염색하여 장식에도 많이 이용한다.

라벤더에서 추출한 정유를 머릿기름의 원료로도 쓰며 희석시킨 것을 두피에 바르면 발모 촉진에 도움이 된다. 또 살균과 소독 작용이 있어 가벼운 화상이나 벌레 물린 데 바르면 외상 치료에 커다란 효과를 볼 수 있다. 예부터 유럽에서는 라벤더를 화장실

어린 라벤더
고품질의 라벤더는 여러 용도로 쓰이는데 특히 꽃, 잎, 줄기 등 식물 전체에 방향이 있어 관상용은 물론이고 포푸리나 각종 미용재에 적합하다.

에 놓아 두기도 하였는데 특히 잉글리시 계통의 라벤더는 파리를 구충하는 데 사용되었다.

라벤더의 정유 성분으로 만든 화장수는 피부를 긴장, 완화시켜 주며 말끔하고 촉촉하게 재생시켜 주는 세정 효과가 있기 때문에 거친 피부에 효과가 크다. 또 라벤더향은 정신 안정의 효과가 있어 베개에 넣어 안면을 위해 이용되었다.

라벤더로 차를 끓여 마시면 진정 작용에 효과가 있고 진통과 두통을 없애 주며 기분을 전환시켜 숙면에 도움을 준다. 또 목욕이나 세안할 때 따뜻한 물에 라벤더의 에센셜 오일을 몇 방울 떨어뜨려 수증기 증유법을 활용하면 미용에는 물론 피로 회복에도 좋다.

레몬밤

Lemon Balm···Melissa officinalis

레몬밤
지중해 연안이 원산지로
지중해 동부 지방과
서아시아, 흑해 연안,
중부 유럽 등지에서
자생한다. 꿀풀과의
다년초로 초여름
잎자루에 하얗고
작은 꽃이 핀다.

'멜리사(Melissa)'라고도 불리는 레몬밤은 예부터 밀원 식물로 유명하다. 산뜻하고 달콤한 레몬향이 꿀벌을 끌어들이기 때문에 고대 그리스 이래 중요하게 재배되어 온 허브이다. 멜리사는 그리스어로 '밀봉(蜜蜂)'이라는 의미인데 그리스신화에 등장하는 반신반인(半神半人)의 멜리사는 봉밀로, 그의 언니 아마루타이아는 산양의 젖으로 제우스를 양육하였다고 전한다. '멜리사'라는 어원도 여기서 유래되었다.

레몬밤은 지중해 연안이 원산지로 지중해 동부 지방과 서아시아, 흑해 연안, 중부 유럽 등지에서 자생한다. 꿀풀과의 다년초로 초여름 잎자루에 하얗고 작은 꽃이 핀다.

윤기 나는 녹색의 줄기는 1미터까지 자라며 스치기만 해도 강한 레몬향을 맡을 수 있다. 줄기에 쌍으로 붙어 나는 잎은 둥그스름한 하트 모양이며 테두리가 톱니처럼 뾰족뾰족하고 다소 털이 나 있다.

밝은 반음지를 좋아하고 작물이 생장하는 노지나 흙이면 재배가 가능하다. 적당한 수분이 있고 유기질 성분의 비료분이 많은 토양을 좋아한다. 저온과 고온에 모두 강하며 다습하여도 잘 자라지만 한여름에 다소 건조해지면 잎이 윤기가 없어지고 탈색 현상이 일어나므로 겉흙이 마르면 물을 충분히 준다.

심은 뒤에 볼륨감을 주기 위해 한두 번 솎아 주는 것이 효과적이고 겨울에는 지상부가 말라 버리므로 밑부분을 베어내고 월동하는 것이 좋다. 화분에 심을 때는 일년에 두 번 정도 성장 여부에 따라 큰 화분으로 바꾸든가 포기나누기를 하고 비료는 한 달에 한 번 묽게 준다.

레몬밤은 봄, 가을에 파종하며 적당한 발아 온도는 15~20도가 적당하다. 한여름이나 한겨울을 피한다면 포기나누기나 꺾꽂이로 간단하게 번식할 수 있다. 꺾꽂이할 때는 5~10센티미터 정도만 남기고 줄기 아래쪽 잎을 떼어 버미큘라이트에 꽂아 두면 약 10일 뒤에 뿌리를 내린다. 이식은 3월 초순에서 12월 초순이 적당하다.

민트처럼 퍼져 자라는 레몬밤의 가지와 잎은 언제라도 수확이 가능하다. 본래의 줄기를 베어내면 새로운 줄기가 차례로 나오기 때문이다.

레몬밤의 개화 시기는 7, 8월경이며 잎을 건조하여 보존할 때는 개화 전이 좋다. 꽃봉오리가 있는 줄기 밑동을 베어 5, 6개 모아 끈으로 묶은 뒤 거꾸로 매달아 응달에서 말린다. 특히 고온에서 말릴 때는 각별한 주의가 필요한데 60도 이상이 되면 향기가 빠져 나가고 잎이 변색되기 때문이다.

재배가 쉬워 밝은 그늘에 심어 두고 필요한 때마다 부드러운 잎을 채취하여 이용할 수도 있다. 7월 하순에서 8월 하순에 씨를 받는 것이 좋다.

레몬밤 모종
레몬밤은 봄, 가을에 파종하며 발아 온도는 15~20도가 적당하다. 한여름이나 한겨울을 피한다면 포기나누기나 꺾꽂이로 간단하게 번식할 수 있다.

쓰임새

레몬밤은 샐러드나 수프, 소스, 오믈렛, 육류나 생선 요리 등의 맛을 내는 데 이용된다. 레몬을 사용해야 하는 요리에 강한 산미를 피하고 부드러운 풍미만을 즐기고 싶을 때 레몬 대신 레몬밤의 생잎을 잘게 썰어 사용한다. 우유나 과일과도 잘 어울리므로 생과일 주스, 펀치 (punch), 냉차, 셔벗(sherbet), 화채 등 여름용 음료수를 만드는 데 넣으면 좋다. 작고 생생한 녹색의 잎은 주요리의 장식에 이용되며 포푸리, 베개, 염색 등 다양하게 쓰인다.

한편 디오스코리데스가 저술한 『약물지』에도 멜리사의 이름과 그에 얽힌 일화가 나온다. 전갈이나 독거미에 물렸을 때 해독 작용이 있고 설사를 완화시키며 바이러스를 막는 데 큰 효과가 있어 천연두에도 효능이 있으며 치통이 있을 때 입가심용으로 쓰였다는 기록이 있다.

질산칼륨과 함께 잎을 복용하면 독버섯 해독이나 복통에 좋고 소금과 함께 복용하면 궤양에도 효과가 있다. 통증에 약효가 있어 생리통을 억제해 주고 생리 촉진에도 효과가 있다. 또 예부터 방향 요법은 물론 다양한 용도로 사용되었다.

레몬밤 오일을 린스로 쓰면 탈모 방지에 도움이 되고 목욕제로 쓰면 원기가 회복되어 몸이 따뜻해지며 피부의 세정 효과도 높여 준다. 차를 끓여 마시면 진정과 건위 효과, 강장 작용이 있고 신경을 고양시켜 우울한 기분을 상쾌하게 한다.

로즈메리

Rosemary···Rosmarinus officinalis

라벤더와 함께 여성에게 가장 인기 있는 로즈메리는 기원전 1세기부터 약초로 쓰였으며 요리는 물론 큰 행사가 있을 때 생활 속에서 다양하게 이용되었다. 많은 전설과 일화가 있는데 특히 '정절'을 상징하여 결혼식 행사에 쓰였다. 또 꽃말이 '좋은 추억'이기 때문에 유럽에서는 추억의 상징으로 교회나 묘지 앞에 심기도 한다.

지중해 연안에 넓게 분포하고 있는 로즈메리는 꿀풀과의 다년생 상록 저목으로 2미터까지 자란다. 좁고 가는 솔잎 모양의 잎은 가죽처럼 질긴 성질을 가지고 있으며 윤기가 나고 특유의 강한 방향이 있다.

땅을 기는 포복성 품종과 보통종이 있고 봄부터 여름에 걸쳐 흰색, 분홍색, 청색 등 입술 모양의 꽃이 핀다. 품종에 따라 향도 다양하여 유럽에서는 현관 옆에 심거나 생울타리, 가로변 등에 심기도 하며 스페인에서는 토피아리(topiary)로 많이 이용한다.

로즈메리는 생장력이 강하므로 초심자라도 손쉽게 재배할 수 있다. 배수가 좋고 양지바른 남향의 제방이나 암석원 등에 심으면 알맞고 마른 듯하며 통풍이 잘 되는 곳이 좋다. 토양에 석회를 다량 섞으면 더욱 좋다.

노지나 정원에 심을 때는 흙을 덮어 준다. 화분에 심을 때는 배수에 특별히 신경을 쓰고 질소 비료 등을 너무 많이 주지 않도록 하며 화분 밑이나 정원에 골분을 넣어 주는 것이 좋다. 건조한 상태를 좋아하므로 흙에 습기가 차지 않도록 하고 비료는 두 달에 한 번 정도로 화학 비료를 살짝 뿌려 준다. 크게 성장한 것은 이식을 싫어하므로 플랜터에 심고 추위에 약하므로 겨울에는 실내나 온실에서 재배한다.

로즈메리는 보통 3월에서 9월 하순 사이에 파종하며 발아 온도는 10~20도가 이상적이다. 파종한 뒤 성장하기까지는 시간이 걸리며 꺾꽂이나 씨뿌리기로 번식할 수 있다. 꺾꽂이는 8월 하순~10월 중순이나 2월~6월에 꽃이 지고 난 뒤의 새싹으로 하는 것이 좋다.

15센티미터 정도로 자른 가지에서 5~7센티미터 정도 아래쪽 잎을 떼어내고 청결한 토양이나 버미큘라이트에 2센티미터의 깊이로 꺾꽂이한다. 포복성이면 3주간, 입성종이면 1개월 정도면 뿌리를 내린다. 뿌리가 충분히 내리면 비료분이 적은 흙에 이식하든지 화분에 옮겨 심는다.

개화하고 종자를 맺기 전에 줄기를 베어내면 새로운 싹이 빨리 자라므로 길게 자란 가지 끝이나 너무 번성한 가지는 가위로 잘

로즈메리 줄기
잘 재배하면 2미터까지
자라므로 현관 양쪽에
심으면 향이 좋은
인상적인 입구가 되고,
순수한 허브 가든에
심으면 높게 자라
생울타리로
이용할 수 있다.

라 수확한다. 늦가을에는 줄기를 손질하지 않는 것이 좋고 일년
에 두 번 정도 석회나 무기질 비료를 한줌 웃거름한다. 보통은 3
~5년에 1미터를 넘는 관목이 되며 포복성은 보통종보다 번식력
이 더욱 왕성하다.

쓰임새

상록성의 로즈메리는 줄기, 잎, 꽃을 모두 이용하는데 요리나
차, 입욕제, 화장수 등에 널리 쓰이며 언제라도 손쉽게 수확하여
이용할 수 있다는 장점이 있다. 건조해서 사용할 때에는 개화 직
전이 적기이며, 잎의 색을 잘 유지하고자 할 때에는 필요할 때마
다 줄기를 잘라서 이용하면 되는데 실내에서 온풍으로 짧은 시간
에 건조하는 것이 좋다.

잘 재배하면 2미터까지 자라므로 현관 양쪽에 심으면 향이 좋
은 인상적인 입구가 된다. 또 순수한 허브 가든에 심으면 높게
자라 생울타리로 이용할 수 있다. 셰익스피어도 토피아리로 즐겼
다고 한다.

로즈메리는 예부터 서양 전통 요리에 많이 사용되었는데 현재
도 이탈리아에서는 거의 모든 요리에 쓰이고 있다. 특히 열을 가
해도 향이 보존되기 때문에 세이지, 타임과 함께 육식 요리에 많
이 이용되며 방향이 강하므로 주요리의 풍미를 살리려면 적게 사
용하는 것이 좋다.

비니거나 올리브 오일에 2, 3개의 줄기를 넣어 두면 드레싱으
로 활용할 수 있으며 생잎 그대로를 쓰기도 하고 꽃은 요리의 장
식으로 사용하기도 한다. 또 로즈메리는 갈색빛을 내는 염료로도
이용되며 꽃이나 잎에서 발산하는 성분에는 항균 작용이 있기 때
문에 리스를 만들어 욕실이나 실내 벽걸이로 걸어 두면 좋다.

옛날 유럽에서는 장티푸스가 유행하면 로즈메리를 항상 휴대하였다고 하는데 로즈메리의 방향에 살균, 소독 효과가 있다고 믿었기 때문이다. 실제로 살균 작용이 대단히 높은 허브로 방향 주머니를 만들어 장롱이나 옷 서랍에 넣어 두면 좀 등의 피해를 줄일 수 있다.

강하며 상쾌한 향에는 두뇌를 명석하게 하고 기억력을 증진시키며 집중력을 높이는 효과가 있어 수험생에게 좋다. 무기력이나 나른할 때 가벼운 향수로도 사용한다.

차를 만들어 마시면 원기 회복의 효과가 있으며 소화 불량, 항균 작용, 혈액 순환 촉진 등에 도움이 된다. 침출액은 두통에 약효가 있어 흡입법으로 이용하면 뛰어난 효과를 볼 수 있다.

또 에센셜 오일은 피부의 노화를 방지하는 효과가 있어 미용, 화장수로서 인기가 높고 목욕제로 사용하면 피로 회복에 좋다. 예부터 로즈메리 헤어토닉(hair tonic)은 유명한데 샴푸나 린스로 이용하면 비듬을 억제하여 준다. 꽃의 증류수는 눈의 세정에 사용하고 잎은 향수의 원료로도 쓰인다.

마조람

Marjoram···Origanum majorana

그리스 · 로마시대부터 잘 알려져 있는 마조람은 행복의 상징으로 여겨지고 있다. 로마시대의 유명한 미식가 아피스우스는 마조람을 각종 소스의 조미료로 사용하고 그 효과를 요리책으로도 남겼다. 로마시대에는 마조람이 각지로 퍼졌으며 중세에는 마녀나 악마를 물리치는 데에 사용되었다. 오레가노에 비해 향기가 부드러워 중세 유럽에서는 향 주머니를 만드는 데 없어서는 안 될 허브였다.

예부터 식물학적으로 오레가노와 같이 취급하였으나 현재는 별개의 것으로 구분되고 있다. 고대 이집트에서 미라를 만들 때 최초로 사용한 스파이스 가운데 하나인 마조람은 지중해 동부 연안이 원산지이며 꿀풀과의 다년초이다.

스위트형은 30~40센티미터의 비교적 키가 작은 종류로 추위에 약하기 때문에 북쪽의 추운 지방에서는 일년초 식물로 재배되고 있다. 같은 꿀풀과로 침엽형의 마조람도 있는데 스위트형보다 재배는 간단하지만 향이 약하고 약용으로도 가치가 떨어져 관상용으로만 쓰인다.

마조람은 섬세하고 달콤한 방향을 가지고 있으며 약간 쓴맛이 나고 오레가노보다는 온화하다. 6월 중순에서 7월 하순에 흰색이나 분홍색의 작은 꽃을 피운다. 매우 튼튼한 품종으로 배수가 잘 되고 양지바르며 건조하고 비옥한 토양에서 잘 자라는데 비료는 조금 넉넉하게 주는 것이 좋다.

추위와 더위에 약하기 때문에 겨울을 나기 위해서는 추위막이 등의 준비가 필요하다. 가을비나 서릿발, 눈 등이 녹아 내리면 뿌리가 썩는 일이 많기 때문에 배수에 특히 주의한다. 또 장마 뒤의 강한 햇볕은 토양을 건조하게 하여 뿌리를 상하게 하므로 적당히 물을 주어야 한다.

발아하기에 최적 온도는 15~20도로 봄에 묘상에 파종하고 본 잎이 4, 5장 나오면 정식한다. 파종 후 일제히 발아될 때 서로 얽히지 않도록 주의한다. 봄에는 꺾꽂이로 간단하게 번식할 수 있고 줄기가 10센티미터 정도 되면 정식하고 순치기를 반복하면 둥근 모양으로 생육할 수 있다.

씨받기는 여름에 하는데 고온에서 좋은 종자를 얻기란 매우 어려우므로 꺾꽂이나 포기나누기로 번식시키는 것이 바람직하다. 꺾꽂이할 때에는 버미큘라이트 등의 청결한 토양에 5센티미터 정도 자른 줄기를 꽂으면 곧 싹이 난다.

봄에 묘상에 파종하고 본잎이 4, 5장 나오면 정식한다. 파종 후 일제히 발아될 때 서로 얽히지 않도록 주의한다.
마조람 모종

쓰임새

마조람의 잎과 줄기 부분은 조미료나 약용으로 사용되고 있는데 통상적으로 7, 8월경에 지상에서 5~8센티미터 되는 곳으로부터 베어 충분히 건조한 후 냉장고에 저장한다. 또 생장기의 잎이나 줄기는 수확하여 포푸리나 드라이 플라워, 리스를 만드는 데 이용하기도 하고 차나 요리에 쓰인다.

고상한 맛과 향기가 좋은 스위트마조람은 대부분의 이탈리아 요리에 사용된다. 특히 고기나 계란 요리, 수프, 샐러드 등에 사용되고 색의 배합에도 이용된다. 건조한 잎과 분말의 마조람은 야채 · 치즈 · 닭 요리나 각종 소시지 요리, 수프나 소스 등에 첨가되는데 식욕을 증진시키는 효과가 있고 살균 작용으로 산화를 방지하여 주는 역할도 한다.

차빌, 파슬리, 딜, 펜넬 등과 섞어서 사용하면 한결 더 산뜻한 향을 즐길 수 있다. 뿌리는 황색의 염료로 쓰이고 풀 전체는 올리브 그린색을 내는 염료로도 쓰인다.

피부의 정화, 진정, 진통 작용을 하며 방향 성분은 향수나 화장수, 비누를 만드는 데 넓게 이용된다. 목욕제로서는 운동 후의 근육통이나 감기 예방에 효과가 있으며 정신 안정과 강장 작용도 갖고 있다.

잎을 갈아서 습포약으로 쓰면 류머티즘, 신경통에 좋으며 차를 끓여 마시면 체내의 독소를 배출하여 몸을 이롭게 한다. 잎은 소화기 계통의 작용을 원활하게 하고 소화 촉진과 위장 기능의 증진에 효과가 있다.

마조람의 풀 전체에는 강한 정유분이 있으므로 센티드제라늄 등과 함께 심어 싱그러운 허브 가든을 만들 수 있다.

민 트

Mint⋯Mentha spp.

민트는 레몬밤과 함께 밀원 식물의 대표적인 허브라고 할 수 있다. 꿀풀과의 다년초로 크게 서양종과 동양종으로 나누는데 허브로 쓰이는 것은 서양종이다. 생육이 가장 튼튼한 허브 가운데 하나이며 잎을 스치기만 하여도 상쾌하고 청량감이 느껴지는 향기가 난다. 유럽 남부와 유라시아, 아프리카가 원산지로 6월 하순에서 8월 중순에 백색이나 분홍색의 꽃이 핀다.

오드콜론민트(Eau de cologne mint), 애플민트, 페니로열민트(Pennyroyal mint), 페퍼민트, 스피아민트, 블랙페퍼민트(Black pepper mint) 등 재배종만 해도 약 20종이며 야생종까지 포함하면 그 종류가 매우 많아서 교잡하기 쉽고 변종 또한 다양하다. 과일향, 박하향 등 품종에 따라 각기 다른 고유의 향을 지니고 있어 용도에 알맞게 적절히 이용할 수 있다.

민트종은 교잡하기 쉽고 풍토에 따라 향기나 형이 변하기 때문에 씨를 뿌리거나 뿌리로 번식하는 것이 바람직하다. 토양은 어디든 상관없지만 양지바른 곳보다 오히려 약간의 습기가 있는 반음지를 좋아하고 퇴비나 부엽토 등을 흙과 조금 섞어 주면 지하줄기로 잘 번식한다.

일조 시간이 적어도 잘 자라는 품종으로 저온 다습에 강해 월동도 가능하지만 고온 건조에는 약해서 한여름에는 잠시 생육을 멈춘다.

또 거름을 잘 흡수하고 자라는 기세가 강하기 때문에 화분에 심을 때에는 일년 동안에도 여러 번 분을 갈아 주든가 줄기를 반 이하로 나누어 심는 것이 효율적이다. 한 달에 한 번 정도 거름을 주고 녹병 발생에 주의한다.

민트류의 파종 시기는 4~6월경이고 발아 온도는 15~20도가 적당하다. 미세한 종자를 화분이나 묘상에 주의 깊게 심고 겉흙 과 가볍게 섞어 두면 좋다. 발아 후에 잎이 서로 얽히지 않도록 솎아내고 묘목이 4, 5센티미터 정도 자라면 노지나 화분에 정식 한다. 다른 민트류와 섞이지 않게 하려면 10호 화분에서 키우는 것이 좋고 씨뿌리기, 꺾꽂이, 포기나누기는 한여름을 제외하면 언제든지 가능하다.

튼튼해 보이는 가지를 5~10센티미터 정도로 자르고 아래쪽 잎을 떼어 컵에 담가 두기만 해도 일주일이면 뿌리를 내린다. 2 년째부터는 땅속줄기의 세력이 강해지므로 뿌리의 세력을 차단 하려면 주위를 30센티미터 이상 파서 판자나 벽돌 등으로 막아 주는 것이 좋다.

또 2, 3년째 가을에 지상 위가 마를 때에는 새로 심는 것이 좋 은데 개화할 때 줄기와 잎을 베어 응달에 말려서 저장하며 희고 새로운 뿌리를 3센티미터 정도로 잘라 5, 6개 심어 주면 된다. 한 편 땅속줄기로 번식하는 특성을 살려 지상부가 마르기 시작하는 가을에 가지를 치는 것이 좋다.

길게 자란 줄기나 잎은 언제라도 수확이 가능하며 수세(樹勢) 가 좋은 새싹을 위해 가지 밑단을 베어 주는 것이 좋다. 노지라면 7, 8월에 개화하는데 건조하여 보관할 때에는 향기가 제일 강한 6, 7월에 줄기 밑동을 베어 응달에서 말린다. 잘 말린 잎은 줄기 로부터 떼어내 건조제를 넣은 밀폐 용기에 보관한다.

애플민트

둥근 모양의 잎에는
하얀 솜털이 덮여 있고
사과와 같은 달콤한
향이 난다. 땅을 기는
성질이 있기 때문에
잔디 대신 심고 베어낸
가지의 잎은 목욕제로
사용하면 효과적이다.

쓰임새

청량감이 특징인 민트류의 허브들은 특히 육류 요리의 소스를 만드는 데 많이 쓰이며 산뜻한 맛과 향으로 야채나 과일 샐러드에 뿌려서 사용하는 비니거나 탄산수로 만든 음료, 칵테일 등의 풍미를 내는 데 이용되고 있다.

장식용 리스를 만들 때 없어서는 안 될 소재인데 품종에 따라 다양한 향을 이용하며 대형 작품이면 긴 꽃봉오리를 쓴다. 개성 있는 페니로열, 엠페러민트(Emperor mint) 등을 이용하여도 좋다. 또 상쾌한 향의 스피아민트나 사과향을 가진 애플민트 등의 잎과 꽃을 응용하여 포푸리를 만드는 것도 좋다. 또 민트로 염색하면 옅은 브라운 계통의 색이 된다.

민트류는 종류에 따라 다소 차이는 있지만 살균, 소화 촉진, 건위 작용, 구내 소취제, 치약, 위약 등의 원료로 쓰인다. 차를 끓여 마시면 식후 소화 불량에 효과가 있고 위통, 감기, 인플루엔자에도 약효가 있다.

페퍼민트는 민트류 중에서도 특히 살균, 구충 효과가 뛰어난데 상쾌한 향은 구취를 방지하는 효과가 있어 치약 등에 쓰인다. 잎을 갈아 습포제로 쓰면 피부의 염증이나 타박상 치료에 효과를 볼 수 있다. 피부염이나 가려움증에도 약효가 있고 화장실에 놓아 두면 악취 대신 박하향이 오랫동안 지속된다.

스피아민트라고 불리는 녹색 박하는 페퍼민트와 함께 요리에 많이 이용되는데 페퍼민트보다 향이 달콤하며 피부에 매우 좋다. 지성 피부를 관리하고자 할 때에는 스피아민트 잎에서 추출한 오일로 만든 로션을 사용하는 것이 좋고 피부 조직에 탄력을 주므로 목욕제로도 좋다. 상쾌한 향은 정신을 맑게 해주고 뇌를 자극시켜 집중력과 기억력을 고양시키며 스트레스 해소에 효과적이다. 껌, 치약, 습포제에 쓰이므로 대량 재배된다.

오드콜론민트의 잎은 깊은 자색의 광택이 흐르는데 베르가모트, 오렌지, 라벤더 등을 섞은 듯한 방향이 있어서 목욕제로 사용하면 좋다.

애플민트는 흰 꽃을 피우는데 둥근 모양의 잎에는 하얀 솜털이 덮여 있고 사과와 같은 달콤한 향이 난다. 신선한 잎은 생선·고기·계란 요리나 젤리, 음료수, 소스, 비니거 등을 만드는 데 이용된다. 땅을 기는 성질이 있기 때문에 잔디 대신 심고 베어낸 가지의 잎은 목욕제로 사용하면 효과적이다.

페니로열민트는 상쾌한 박하향이 나며 파리, 벼룩, 개미 등의 유해 곤충을 물리치는 데 뛰어난 효과를 발휘하므로 애완 동물이나 어린이가 있는 집안에서 창문이나 실내 한구석에 놓아 두면 안전한 구충제가 된다. 비옥한 습지를 좋아하며 포복 성질이 있으므로 향기 나는 풀밭을 만들거나 정원, 공원 등의 기반 식재로 이용하면 매우 좋다.

베르가모트

Wild bergamot···Monarda didyma

북아메리카 원산의 다년초로 줄기가 0.6~1.2미터이며 화려한 꽃이 피는 허브이다. 관상용으로도 널리 이용되고 원예 품종으로는 적색, 옅은 자색, 분홍색, 흰색이 있다. 아메리카 인디언은 오래 전부터 차로 이용하였다고 한다. 여름에 선명한 빨강이나 분홍색, 하얀색 꽃을 일제히 피우는 베르가모트는 그 뛰어난 자태 때문에 허브 가든에 자주 이용된다. 줄기는 직립하며 꽃이 피면 붉은색으로 넘실댄다. 화려한 꽃은 개화 기간이 길며 화단에 관상용으로 심어도 좋다. 7~9월경 줄기 끝이나 가지 앞에 붉은색의 입술형 꽃이 모여서 피는데 오렌지를 닮은 방향과 쓴맛이 있다.

아무데서나 잘 자라지만 습기가 많은 장소를 좋아한다. 여름에 건조해지면 아침저녁으로 물을 충분히 주고, 양분을 많이 필요로 하므로 정식 전에 비료를 많이 뿌려 둔다. 매우 튼튼하고 추위나 병충해에도 강하여 간단하게 관리할 수 있다.

한 줄기만으로도 볼륨이 있지만 군생하는 성질이 있으므로 화단 등의 배경으로 심으면 좋다. 그러나 밀집하면 통풍이 나빠 병이 발생하므로 주의하여야 한다. 뿌리가 너무 얽히면 말라 버리므로 몇 년에 한 번씩 옮겨 심는다.

발아 온도는 20~25도이며 3월 초순에서 9월 하순에 파종하는데 땅속줄기로도 번식할 수 있다. 파종 후 본잎이 4, 5장 나오면 화분이나 플랜터에 정식하고 노지의 경우에는 30~40센티미터로 포기 간격을 두어 정식한다.

포기나누기는 가을과 봄에 하며 꺾꽂이도 한여름과 한겨울만 아니면 언제라도 가능하다. 4월 초순에서 9월 하순에 꽃이나 잎을 수확하여 통풍이 좋은 응달에서 건조한다.

쓰임새

꽃색이 산뜻하고 풀 전체에 방향이 있으며 말려도 지수성이 있으므로 포푸리로 인기가 높다.

개화 직전에 꽃을 하나하나 손으로 수확하여 충분히 건조한 잎이나 생잎을 리스나 차, 샐러드, 편안한 잠

베르가모트 군집
군생하는 성질이 있으므로 화단 등의 배경으로 심으면 좋다. 밀집하면 통풍이 나빠 병이 발생하므로 통풍을 고려한다.

을 유도하는 포푸리에 이용한다. 꽃순을 잘라 치즈나 버터에 뿌려서 먹으면 식욕이 나고 신선한 허브에 끓인 물에 넣어 5, 6분 뒤에 마셔도 좋다. 드라이 허브는 작은술 하나가 1인분으로 레몬향을 내는 베르가모트 차는 매우 독특하다.

꽃과 잎의 침출액은 피부병이나 거친 피부의 치료에 사용되며 오래 전부터 헤어로션이나 선탠로션의 재료로 이용되었다. 베르가모트는 에센셜 오일로 사용되기도 하고 목욕제로 사용하면 심신의 긴장을 풀어 주며 아름다운 피부 유지에도 효과가 높다.

보리지

Borage···Borago officinalis

보리지는 지중해 연안이 원산지이며 지치과에 속하는 비교적 재배가 쉬운 일, 이년초이다. 0.4~1미터까지 성장하며 파란색과 흰색의 꽃을 피우는 두 종류가 있다. 별 모양을 한 꽃잎은 약간 고개를 숙인 듯이 청초하게 피어난다.

봄부터 가을까지 오랫동안 꽃이 피어 있지만 장마와 여름의 폭염에는 약하여 이 시기에는 그다지 피지 않는다. 유럽과 미국에서는 오래 전부터 약초로 이용하였으며 허브 가든에서는 빼놓을 수 없는 종류이다.

양지바르고 통풍이 잘 되고 유기질이 많은 보수성의 비옥한 토양을 좋아한다. 추위에 강한 보리지는 늦여름에 싹터 12월에 개화하는 일도 있지만 여름의 습기에는 약하여 선 채로 말라 죽는 일이 있기 때문에 주의가 필요하다.

배수를 잘 하고 무성한 잎과 가지는 정리하여 통풍이 잘 되게 해야 한다. 꽃과 잎, 줄기가 휘어지면 썩기 쉬우므로 반드시 가위나 커터로 잘라낸다. 수국과 같은 모양으로 흙의 산성도에 따라서 꽃색이 파란색에서 분홍색으로 변화하기도 한다.

발아 온도는 15~20도가 최적이며 파종 시기는 한여름을 제외하고 4~9월까지 가능한데 잎이 나오기 시작하면 솎아 준다. 보리지는 발아력이 아주 강한 품종으로 쌀알 크기의 검은 종자를 4월 중순에 파종하면 얼마 후 커다란 떡잎이 나오고 며칠 뒤 솜털이 난 본잎이 나온다.

허브 가든의 '우량아'라고 말할 수 있을 정도로 노지에 그대로 파종하여도 잘 발아하고 2개월이면 꽃을 볼 수 있다. 가을에 잎이 말라도 다음해에 새싹이 나오며 땅에 떨어진 종자에서도 다음해에 새싹이 나오기도 한다.

귀여운 별 모양의 꽃이 차례로 피기 때문에 필요에 따라서 신선한 꽃을 이용할 수도 있다. 차례로 피는 꽃은 종자가 잘 붙어 있기 때문에 충분히 여문 종자가 떨어지기 직전에 수확하는 것이 바람직하다.

쓰임새

보리지는 야채와 함께 이용하면 좋은데 잎이 부드러울 때 샐러드에 섞거나 설탕 절임으로 과자의 장식에 쓰며 닭이나 생선 요리에 첨가하기도 한다. 잎의 독특한 향이 오이와 비슷해서 유럽에서는 긴 겨울 뒤의 봄향기를 이 보리지에서 맡는다. 꽃잎은 와인에 띄우기도 하고 샐러드나 케이크, 펀치에 장식으로 이용하기도 한다.

보리지는 예부터 민간 요법에 약초로 이용되어 왔는데 습진이나 피부병에 효과가 있고 진통, 피로 회복, 해열, 정화, 발진, 이뇨 등에 약효가 있다. 꽃이 피어 있을 때 딴 잎을 따뜻한 물에 담근 습포약은 간장이나 방광의 염증에 효과가 있으며 류머티즘이나 호흡기의 염증에도 뛰어난 효력을 발휘한다.

잎이나 종자로 만든 차는 산모의 젖을 내는 데 매우 좋으며 발한과 이뇨에 도움을 준다. 또 잎과 꽃을 입욕제로 이용하면 피부를 부드럽고 청결하게 하는 것은 물론 심신의 긴장까지 풀어 준다. 최근에는 보리지 종자에서 기름을 짜내어 마사지 오일, 화장용 크림 등으로 이용하고 있다.

세이보리

Savory···Satureia hortensis

세이보리는 꿀풀과에 속하며 작은 별 모양의 꽃이 핀다. 다년생 윈터세이보리와 일년생 섬머세이보리(Summer savory)가 있는데 윈터세이보리의 향이 더 강하다.

윈터세이보리는 잎이 무성하여 나무처럼 보이기 때문에 박하나무라고 부른다. 허브 가든의 주변 식재로 적합하다. 원산지인 남프랑스에서는 식욕을 증진시키는 허브로, 이탈리아에서는 고대부터 요리용 허브로 넓게 이용하여 왔다. 방향은 타임과 비슷하며 자극적인 매운맛이 난다.

윈터세이보리는 배수가 좋고 양지바르며 보수력 있는 토양에서 잘 자란다. 상록 저목으로 25~30센티미터의 길이에, 잎은 암록색으로 긴 타원형이고 흰색이나 짙은 분홍색의 입술형 꽃이 여름부터 가을에 걸쳐 다수 개화한다.

줄기가 성장하면 쓰러지기 쉬우므로 받침대를 세워 주는 것이 좋다. 줄기와 잎이 너무 무성하면 통풍이나 채광이 어려우므로 수시로 가지치기를 하여 햇살이 균등하게 비추도록 하는 것이 중요하다.

화분 재배는 겉흙이 마르기 전에 충분히 물을 주고 생육기에는 한 달에 한두 번 액체 비료를 준다. 생장이 늦어 가을이 되어야 비로소 수확이 가능하다.

섬머세이보리는 봄이나 가을에 파종하고 2개월 뒤에 양지바르며 배수가 좋은 토양을 골라 정식한다. 건조한 토양을 좋아해서 식재 직후 외에는 물을 줄 필요가 없다. 또 옅은 액체 비료를 물과 함께 2개월에 한 번 정도 주면 된다.

줄기는 40~50센티미터이고 여름부터 가을에 걸쳐 옅은 보랏빛으로 개화하며 길쭉하게 자란다.

결실한 종자를 채취하여 다음해 봄에 파종한다. 세이보리의 발아 온도는 20~25도이며 본잎이 2, 3장 정도 나오면 정식한다. 섬머세이보리는 4월 중순에 파종하며 윈터세이보리는 6월 하순에 파종하는데 5센티미터 정도의 깊이로 심는다.

윈터세이보리는 꺾꽂이나 포기나누기를 하는데 꺾꽂이의 경우 충실한 줄기를 이용한다. 섬머세이보리보다 향이 강한 윈터세이보리는 꺾꽂이할 때 버미큘라이트처럼 청결한 토양에 7, 8센티미터로 잘라 밑잎을 떼어내고 줄기를 꽂아 충분히 뿌리를 내린 다음에 정식한다.

상록 저목으로 흰색이나 짙은 분홍색의 입술형 꽃이 여름부터 가을에 걸쳐 다수 핀다.
개화기의 세이보리

쓰임새

윈터세이보리와 섬머세이보리는 모두 소화 촉진과 소독 작용을 하며 벌에 쏘여 부은 데 효과가 있고 욕조에 넣고 목욕을 하면 정신이 맑아지고 피로 회복에도 효과가 있다. 또 흥분 작용을 하므로 미약(媚藥)으로도 사용되었다. 섬머세이보리는 필요할 때마다 이용하든가 개화 직전에 줄기를 베어내 말려서 보관한다.

어린 잎은 요리에 사용하며 꽃이 피기 시작할 때에 원줄기를 베어내서 통풍이 좋은 응달에 가지와 함께 말린 뒤 잎만을 병에 넣어 보관한다.

향기가 좋고 부드러운 잎은 샐러드에 조금 넣기도 하고 수프나 야채 요리에 사용한다. 특히 콩과 잘 어울려 콩 요리에서는 빠뜨릴 수 없으며 비니거에 넣기도 한다. 줄기나 잎에 있는 방향 성분은 식욕을 증진시킨다. 또 세이보리로 만든 차나 침출액은 가래를 없애 주는 거담(祛痰)이나 중풍, 이뇨에 효과가 있고 구충ㆍ방부 작용을 하며 방부성의 입가심약으로도 사용된다.

세이보리 차는 피로한 몸에 원기를 불어넣으며 여성의 냉증을 비롯하여 갱년기 장애에도 효과가 있다. 잎이나 줄기는 부드럽기 때문에 작은 가지를 그대로 이용하여 파슬리처럼 요리에 넣기도 하고 길게 다져서 버터나 치즈에 섞기도 한다. 또 수프나 소스의 향을 낼 때나 고기 요리에 이용한다. 비니거에 줄기와 잎을 2, 3개 넣으면 향이 좋아지고 독특한 맛이 증가한다. 오믈렛, 샐러드, 샌드위치 등의 장식용으로 꽃을 이용한다.

냉동하거나 꽃이 피기 직전에 줄기마다 베어 응달에 말려 잎을 용기에 담아 보존하지만 수확량이 그렇게 많지는 않다. 다음해 봄에 종자로부터 싹이 나오는 즐거움을 느끼기 위해 한 그루만이라도 꽃이 피게 두는 것도 좋다.

　윈터세이보리의 꽃색은 흰색이나 청색으로 잎은 두껍고 단단
하며 맛도 꽤 강하다. 양을 조금 적은 듯하게 하여 단독으로 이용
할 수도 있지만 남프랑스에서는 건조한 로즈메리나 바질, 타임
등과 혼합하여 '에르브 드 프로방스(herbe de Provence)'라는 복
합 조미료를 만들어 사용하고 있다. 이것은 고기나 생선·야채
요리에도 잘 맞고 특히 여름 야채를 올리브유에 삶은 라타드웨이
유에는 마늘과 함께 빠질 수 없는 조미료이다.
　건조한 줄기나 잎을 와인에 넣어 한 달 정도 그대로 두면 소화
를 촉진하는 향이 풍부한 약용 와인이 된다. 비니거나 오일에도
폭넓게 이용되는 허브이다.

세이지

Sage…Salvia officinalis

세이지는 그리스·로마시대부터 많은 사람들에게 만병 통치약으로 이용되어 왔다. 학명은 '구원한다'라는 의미의 라틴어에서 유래한다. 또 '영원히 살고 싶은 자는 5월에 세이지를 먹지 않으면 안 된다'라든가 '세이지를 정원에 심어 놓은 집에서는 죽은 사람이 나오지 않는다'라는 속담이 있을 정도이다.

체리세이지
꿀풀과 특유의
입술 모양 꽃잎은
은회색의 잎과
대조를 이룬다.

세이지에는 클라리세이지, 체리세이지(Cherry sage), 레드세이지(Red sage), 러시안세이지(Russian sage), 실버세이지(Silver sage), 골든세이지(Golden sage), 가든세이지(Garden sage) 등 다양한 품종이 있다. 초여름에 청색, 흰색, 분홍색, 노란색 등의 다채로운 꽃이 피므로 허브 가든의 여왕으로 불린다. 또 5월 중순에서 7월 하순까지 개화하는데 꿀풀과 특유의 입술 모양의 꽃잎은 은회색의 잎과 대조를 이루는 대표적인 관상용 허브이다.

세이지는 양지바른 곳과 배수가 좋은 곳에 심어야 한다. 통풍이 잘 되는 장소에 30센티미터 이상 포기 간격을 벌려 지효성 비료를 밑거름으로 하여 심는다. 잎이나 줄기는 겨울에 마르는데 다음해 봄에 새싹이 나오면 줄기 밑동의 마른 잎을 베어낸다. 화분은 겨울이면 실내에 들여놓아야 한다.

노지에서 월동할 때는 초겨울부터 습기가 차지 않도록 주의해야 한다. 장마 때 습기가 많거나 잎이 너무 번성하여 마르는 경우가 있으니 배수에 유의하고 통풍이 잘 되도록 잎을 솎아 주어야 한다.

노지 재배를 할 때 정식 이후에는 물주기가 필요없으나 용기나 화분에 재배할 때는 겉흙이 마르면 물을 준다. 발아 온도는 10~20도이고 묘상이나 노지에 파종하며 본잎이 4, 5장 정도 되면 정식한다. 꽃이 개화한 뒤에 줄기를 베어내면 밑부분에서 곁가지가 자라 큰 줄기가 된다.

클라리세이지 모종
묘상이나 노지에 파종하며 본잎이 4, 5장 정도 되면 정식한다. 꽃이 개화한 뒤에 줄기를 베어내면 밑부분에서 곁가지가 자라 큰 줄기가 된다.

번식은 꺾꽂이나 씨뿌리기로 한다. 봄부터 초여름에 튼튼한 줄기를 5~10센티미터 자르고 아래쪽 잎을 떼어 버미큘라이트에 2센티미터 정도의 깊이로 꺾꽂이한다. 살짝 응달이고 통풍이 잘 되는 곳에 2주 정도 두면 뿌리가 난다. 봄에 심은 종자는 다음해 봄부터 개화를 시작한다.

확실한 줄기가 나오기 시작하면 수확한다. 줄기가 40~50센티미터 정도의 큰 가지로 자라면 3, 4개의 가지를 남겨 놓고 나머지를 수확한다. 씨를 받을 줄기 외에 꽃이 핀 가지는 빨리 베어낸다. 꽃이 피거나 수확한 뒤에는 웃거름을 한줌 준다.

쓰임새

많은 종류가 있고 어느 장소에서나 사용 가능하여 만능 허브로 알려져 있는 세이지는 특히 관상, 향료, 약, 요리, 염색 등에 이용된다.

세이지는 강장, 진정, 소화, 살균 효과 등이 있으며 고기나 생선의 지방분을 중화시켜 냄새를 제거하므로 요리에 매우 긴요하게 쓰인다. 특히 육류 요리에 세이지를 넣으면 고상한 맛이 나며 기름기 많은 부분이라도 식후의 느끼함이 없다. 또 입 안이 산뜻하며 소화도 도와 준다. 이것은 세이지에 포함된 방향 정유분이 고기나 내장류의 역겨움을 없애 주고 지방분을 분해시키기 때문이다.

그 밖에 햄류나 치즈 · 내장 · 토마토 요리 등 세이지의 용도는 다양하지만 한 번에 다량으로 사용하지 않아야 한다. 또 말린 잎은 신선한 잎에 비해 고상한 맛이 강하기 때문에 요리할 때는 양을 적은 듯하게 사용해야 한다.

잎을 잘게 썰어 부드러운 버터에 섞으면 향이 풍부한 세이지 버터가 된다. 비니거, 올리브 오일에 줄기와 잎을 2, 3장 넣으면 훌륭한 드레싱으로 이용된다.

세이지 차는 기분을 맑게 하고 흥분을 진정시키며 구강염이나 잇몸의 출혈과 구취 방지에 효과가 있으나 효력이 강하므로 연속하여 마시는 것은 피한다.

또 잎을 냉장고 안에 깔아서 고기를 보존하면 부패하지 않고 오래가며 건조한 잎을 화장실에 넣어 두면 효과가 있다. 약효가 뛰어난 세이지는 배추흰나비나 검은줄흰나비의 애벌레, 파리, 모기 등의 해충을 퇴치하는 효과도 있다. 특히 로즈메리와 함께 심으면 효과가 더 커진다.

클라리세이지
향신료로 재배되며
다른 세이지에 비해
잎이 큰데 2년째부터
초여름에 분홍색,
청자색의 커다란
꽃이 핀다.

리스를 만들 때에는 장식적인 꽃을 피우는 페인티드세이지(Painted sage) 등을 사용한다. 특히 트리컬러세이지(Tricolor sage)는 개성이 강한 리스를 만들 때 좋다. 또 부드러운 잎과 줄기를 신선한 상태로 염색에 사용하면 황색이나 녹색, 회색으로 물든다.

클라리세이지는 향신료로 재배되고 있다. 다른 세이지에 비해 잎이 큰데 꽃은 2년째부터 개화한다. 초여름에 분홍색, 청자색의 커다란 꽃이 핀다. 1.2미터까지 성장하므로 허브 가든을 계획할 때 고려해야 한다.

잎의 침출액은 살균과 피부의 재생 작용이 있으며 궤양, 외상, 거친 피부 등에 유효하고 방향 성분을 추출한 정유는 화장수를 만드는 데 사용한다. 이것을 라벤더 워터와 섞으면 피부의 노화 방지에 한층 효과가 있다.

향에는 정신 안정과 스트레스를 푸는 데 좋고 세포 재생의 효과가 있어 샴푸, 화장수, 크림 등의 화장품에도 이용된다. 또 욕조에 오일을 몇 방울 떨어뜨리면 피로 회복에 좋다. 살균 작용이 뛰어나 중세 유럽에서는 전염병 예방과 입가심약, 치약 원료로도 쓰였다. 그 밖에 중풍, 통경, 이담(利膽), 혈당 강하 등에 효과가 있다.

프루트센티드세이지(Fruit scented sage)는 풀 전체에 과일향이 있으며 분홍색 꽃이 피고 줄기가 크게 자라는데 컨테이너 (container)로 재배하여 베란다 가든에 이용하여도 좋다.

파인애플세이지(Pineapple sage)는 멕시코 원산으로 가을에 붉은색 꽃이 피는데 잎에서 파인애플향이 난다. 추위에 약하므로 실내에서 월동한다.

화이트 가든의 가장자리에 엘삼세이지(Jerusalem sage)를 이중 삼중으로 겹쳐 심으면 노란색 꽃밭을 즐길 수 있고 중요하고 큰 줄기만을 키워도 아름답다. 꽃은 가을까지 계속 핀다.

블랙라이트세이지(Black light sage)는 살균·발모 효과가 있다. 꽃과 잎의 침출액은 로션이나 샴푸를 만들기도 하고 잎을 갈아 습포약을 만들면 상처에 효과가 좋다. 피부 개선에 사용하고 입욕제로 쓰면 피부의 재생작용과 비만 해소에도 좋다.

센티드제라늄

Scentedgeranium···Pelargonium spp.

19세기 중엽 영국의 상류 사회에서는 겨울에 로즈제라늄을 화분에 담아 실내 구석에 배치하는 것이 유행하였다. 그것은 귀부인들의 긴 스커트에 제라늄의 잎이 스칠 때마다 향기로운 장미향이 거실 가득 퍼졌기 때문이다.

제라늄은 일반적으로 원예종으로 알려져 있다. 허브로 이용되는 것은 잎과 줄기 등에 정유분이 있는 방향성의 페라고니움속으로 분류되는 센티드제라늄이다. 예를 들면 레몬, 파인, 오렌지, 민트, 애플, 로즈 등인데 그 가운데 가장 대표적인 것은 로즈제라늄이라고 할 수 있다.

센티드제라늄은 고추나물과의 다년초로 원산지는 남아프리카이며 서구에서 아시아에 걸쳐 넓게 분포하고 있다. 봄에서 초여름에 걸쳐 작은 꽃이 피는 제라늄류는 각각 향기에 개성이 있고 색과 형태 등도 아주 다양한데 강한 방향을 갖고 있다. 로즈, 레몬, 민트, 애플 등 수십 종의 향이 있으며 각각의 닮은 꽃이나 열매, 향신료와 비슷한 이름이 붙어 있다.

고온 다습을 싫어하므로 반음지에서 약간 건조하게 키우는 것이 좋다. 추위에 약하므로 실내에서 월동해야 한다. 20~80센티미터까지 자라며 톱니형, 둥근 톱니형 등 다양한 모양의 잎은 가지에 서로 어긋나게 자란다. 꽃의 색이 분홍색, 적색, 흰색 등으로 그 색과 모양이 일정하지 않게 핀다.

재배지는 양지바르고 통풍이 잘 되고 비옥해야 하는데 겉흙이 건조해지기 전에 충분히 물을 주며 수시로 물과 비료를 섞어 준다. 꽃이 지면 줄기를 정리한다. 재배의 성공 비결은 약간 건조한 상태로 키우고 겨울에 얼리지 않는 것이다.

봄과 가을에 파종하며 발아 온도는 15~20도 정도이다. 본잎이 4, 5장일 때 정식하며 씨뿌리기와 꺾꽂이로 번식하며 꺾꽂이는 6월과 9월에 하는데 자른 부분이 마른 뒤 깨끗한 흙에 쓰러지지 않을 정도로 심는다.

쓰임새

주로 향수의 원료로 남프랑스와 아프리카 등에서 상업적으로 재배되는데 특히 남성용 향수의 중요한 성분이 된다. 유럽에서는 관상용 화분 재배로 인기가 높다. 재배가 쉬워 화분이나 플랜터에 심어 연출하기 좋으며 겨울의 그린 인테리어에도 적합하다. 또 향기를

유럽에서는 관상용 화분 재배로 인기가 높다. 재배가 쉬워 화분이나 플랜터에 심어 연출하기 좋으며 겨울의 그린 인테리어에도 적합하다.
애플제라늄 모종

제라늄

고추나물과의 다년초로
원산지는 남아프리카로
서구에서 아시아에
걸쳐 넓게 분포한다.
봄에서 초여름에
걸쳐 작은 꽃이 피는
제라늄류는 향기마다
개성이 있고 향이
아주 다양하다.

생활 속에서 활용할 수 있어 유럽과 미국에서는 도시나 농촌 어느 지역에서나 현관, 창틀, 베란다 등에서 쉽게 접할 수 있다.

관상용 외에 필요할 때 꽃이나 잎을 채취하여 그대로 샐러드, 아이스크림, 케이크나 젤리, 과자의 향이나 장식으로 쓰고 쿠키를 구울 때는 생잎을 넣는다. 또 차와 주스, 잼, 요구르트, 펀치 등의 향을 내는 데 쓰이며 집안에 손님이 방문하였을 때 화분의 잎을 비벼서 방향제 대신 사용해도 효과가 높다.

잎에 포함되어 있는 방향유를 이용하여 포푸리, 차, 목욕제, 꽃다발, 압화 등에 이용한다. 향수, 화장품, 비누에도 사용하는데 촉촉한 피부를 유지하도록 하는 작용을 하기 때문이다.

또 기분을 맑게 하는 효과가 있어 잎을 넣은 목욕물에 몸을 담그면 피로가 풀린다. 또 모기를 물리치는 효과가 있으며 피부염과 동상에 쓰이는 마사지 오일의 재료로도 쓰인다.

셀프힐

Self heal···*Prunella vulgaris*

원산지가 유럽에서 아시아에 이르는 꿀풀과의 상록 다년초이다. 30∼50센티미터 정도까지 자라며 꽃봉오리는 혀처럼 생겼다. 6월에서 9월까지 꽃이 피기 때문에 관상용으로 허브 가든에 자주 이용된다. 셀프힐은 '스스로 낫는다'는 의미로 학명인 'Prunella'는 독일어의 '편도선염'을 가리킨다.

셀프힐
꿀풀과의
상록 다년초로
꽃봉오리는 혀처럼
생겼다. 6월에서
9월까지 꽃이 피기
때문에 관상용으로
허브 가든에
자주 이용된다.

양지바르고 배수가 좋은 장소에서 퇴비나 부엽토를 많이 주면 생육이 매우 좋아진다. 노지에서 재배할 때 용토를 높여 배수가 좋아지고 화분에서 재배할 때에는 부엽토를 많이 넣어 주고 겉흙이 마르기 전에 물을 준다. 봄에 한 번 완효성 비료를 준다.

봄과 가을에 파종하며 15∼20도에서 발아하는데 본잎이 4, 5장 정도 나오면 정식한다. 개화 후 지면을 기듯이 줄기를 길게 뻗어 번식하는데 씨뿌리기 외에 포기나누기로도 쉽게 번식한다. 채취한 종자를 파종할 수도 있지만 한 번 심으면 대부분 떨어진 종자에서 새싹이 나온다.

쓰임새

옛날부터 민간약에 셀프힐을 이용하였는데 초여름부터 피기

민간약으로
이용하는 셀프힐
방광염, 임파선염에는
잎, 줄기, 꽃을 갈아
마시든가 분말한 것을
사용한다.

시작하는 꽃의 봉오리나 줄기를 갈아서 입가심약으로 사용하였다. 또 충분히 말린 꽃봉오리로 이뇨제를 만들었고 외상에는 잎으로 치료를 하였다. 방광염이나 임파선염에는 잎, 줄기, 꽃을 갈아 마시든가 분말을 사용하였는데 최근 중국에서 셀프힐이 '혈압을 내리는 작용이 있다' 고 연구, 보고되었다.

꽃봉오리를 채취하여 음지에서 말려 밀봉한 뒤 보관한다. 침출액은 구내염이나 편도선염에 효과가 있고 신장염과 방광염의 이뇨약으로 사용되고 있다. 학명의 어원처럼 갈아서 입가심을 하면 편도선염에 커다란 효과가 있다. 또 이 즙으로 세안하면 결막염에도 효과가 높다고 한다. 🌿

스위트바질

Sweet Basil⋯*Ocimum basilicum*

'바질'은 '왕자'를 뜻하는 그리스어 '바질레우스(basileus)'에서 유래하였다. 그 이름에 어울리는 우윳빛의 꽃과 방향 때문에 이탈리아나 남프랑스 요리에는 빠질 수 없는 재료이다.

인도가 원산지인 바질은 꿀풀과의 일년초로 변종이 많고 7월 중순에서 9월 하순에 적자색, 백색의 꽃이 핀다. 향기와 풍미가 각각 독특한데 스위트바질이 대표적으로 알려져 있으며 주로 줄기와 잎을 이용한다. 바질은 수많은 허브 가운데 특히 약하며 지중해 연안에서 재배되고 영국이나 독일에서는 거의 재배되지 않는다.

홀리바질

꿀풀과의 일년초로 변종이 많고 7월 중순에서 9월 하순에 적자색, 백색의 꽃이 핀다. 향기와 풍미가 각각 독특한데 스위트바질이 대표적으로 알려져 있으며 주로 줄기와 잎을 이용한다.

양지바르며 배수가 잘 되고 비옥한 토양을 좋아하는데 바람이 강한 곳은 피하는 것이 좋다. 생육 온도는 25~30도가 적당하고 충분한 비료와 수분을 필요로 한다. 퇴비를 듬뿍 주며 화분에서 재배할 때에는 한 달에 한 번 정도 한줌의 화학 비료를 준다.

80센티미터 이상의 길이로 기르고 싶을 때에는 유기질이 많이 함유된 흙을 큰 화분이나 플랜터에 넣어 주거나 노지에 뿌리고 심는다. 통풍이 잘 되고 햇빛이 좋은 장소를 선택하며 가볍게 순을 치는 것이 중요하다. 받침대를 세워 주고 순치기를 계속하면 실하게 성장한다.

발아 온도는 20~25도를 요구하는데 기후가 안정되기 시작하는 4월 중순부터 묘상에 파종한다. 추운 지방에서는 5월 상순에 파종하는 것이 무난하며 발아하면 기온의 상승과 더불어 잘 생육한다. 겹잎이 4장 정도 되면 정식하고 흙이 마르기 전에 물을 주며 정식할 때 완효성 비료를 준다.

번식할 때는 봄부터 여름까지 자란 싱싱한 줄기 앞부분을 5센티미터 정도로 잘라 가운데 잎 3, 4장을 남겨 놓고 밑의 잎을 떼어내서 버미큘라이트에 깊이 1센티미터 정도로 꺾꽂이한다.

통풍이 잘 되는 곳에 2, 3일 정도 햇빛을 차단하여 놓아 두면 약 일주일 뒤에는 뿌리를 내리는데 발근력이 강해 물이 썩지 않으면 컵 속에서도 뿌리가 생길 정도이다.

스위트바질
정식한 뒤 한 달 후나 줄기가 20센티 정도 자라면 잎의 수확이 가능하며 늦가을까지 계속할 수 있다. 자라나는 기세가 강할 때는 2, 3마디 남겨 놓고 가능한 길게 잘라서 수확한다.

정식한 뒤 한 달 후나 줄기가 20센티미터 정도 자라면 잎의 수확이 가능하며 늦가을까지 계속할 수 있다. 순을 친 새싹이나 숨 아낸 싹을 이용하는 것도 좋다. 나무의 자라나는 기세가 강할 때는 2, 3마디 남겨 놓고 가능한 길게 잘라서 수확한다. 수확한 뒤에도 새싹이 바로 자라나서 보다 튼튼한 줄기가 되는데 비료의 적당 여부, 일조 조건, 온도 등에 세심한 주의를 기울인다. 수확한 줄기는 응달에서 말려 보관한다.

쓰임새

키친 허브라고 할 정도로 요리에 다양하게 이용된다. 특히 바질향은 이탈리아 요리에 많이 쓰이며 스파게티, 그린샐러드, 베스트소스의 맛을 내는 데 없어서는 안 되는 허브이다. 꽃이 피기 전의 연한 잎을 잘게 다져 상온에서 부드러운 버터에 넣으면 허브 버터가 된다. 또 마늘 등과 함께 절인 것을 파스타나 피자에 뿌려서 이용하기도 하고 샐러드나 끓이고 볶는 요리에 사용한다. 식욕을 돋우는 향이 있어 차로 많이 마시는데 특히 위장이 약한 사람에게 좋다. 또 부엌을 장식하는 화분용 허브로 이용하면 실용적이다.

그리고 바질 잎을 양손으로 비벼서 향을 맡으면 코막힘과 두통에 효과적이다. 달고 강한 향기는 살균과 항염증에 좋고 삶은 즙은 구내염에 효과가 높다. 또 여드름을 억제하고 피부 개선에 효과가 있으며 식욕 증진, 소화 촉진에도 좋다. 두뇌의 움직임을 활발하게 하는 동시에 두통 증상을 개선한다.

바질 오일은 혈액의 요산량(尿酸量)을 감소시키고 통풍(痛風)의 개선이나 근육통의 완화에 효과가 있어 마사지 오일로 많이 이용한다. 목욕제로 이용하면 정신 고양, 피로 회복, 탄력 있는 피부를 간직하는 데 좋다. 또한 초보자부터 숙련자에 이르기까지 사용하기 가장 쉬운 허브 오일이기도 하다.

아티초크

Artichoke···Cynara scolymus

아티초크는 중세에 간장이나 위장의 기능을 높이는 약초로 소중하게 키워졌다. 국화과의 다년초이며 줄기가 1.5~2미터까지 자라는 대형 허브이다.

봉오리를 싸고 있는 다육질 꽃받침이나 꽃심을 삶아 그대로 먹는데 지금도 프랑스 사람들이 매우 좋아하여 초여름의 프랑스 야채 시장에서 쉽게 볼 수 있다.

아티초크는 날카로운 톱니형의 거대한 깃꼴잎이고 6월 초순에서 8월 하순까지 줄기 끝에 지름 15센티미터 정도의 홍자색의 꽃이 핀다. 메마른 땅이나 아래 잎을 정리하지 않아 통풍이 나빠지면 진딧물이 생기므로 주의해야 한다. 줄기가 2미터, 줄기퍼짐이 1미터까지 성장하기 때문에 심은 장소를 잘 고려하여 나중에 정식할 필요가 있다.

파종은 4월 중순이 적기이고 발아력이 대단히 강하고 크기 때문에 재배에 품이 들지 않는 뛰어난 점이 있다. 발아 온도는 20~25도로 다른 허브류보다 다소 높은 온도를 요구한다.

묘목이 6, 7센티미터로 자라면 햇빛이 잘 드는 좋은 장소를 깊이 갈아 퇴비나 완효성의 화학 비료를 듬뿍 주고 정식한다. 2년째 6월이 되면 한 줄기에서 30개 정도의 꽃봉오리를 수확할 수 있다. 월동이 불가능하므로 온실 재배를 권유한다.

아티초크 모종
파종은 4월 중순이 적기이고 발아력이 대단히 강하고 크기 때문에 재배에 품이 들지 않는다.

쓰임새

식용으로는 꽃봉오리를 사용하는데 개화 직전의 봉오리를 채취하여 소금을 조금 넣은 상태에서 45분 정도 삶은 뒤 꽃받침을 한 장씩 벗겨내고, 꽃심의 부드러운 부분에 버터나 프렌치 드레싱 소스로 맛을 내서 먹는다.

약용으로는 줄기와 뿌리를 사용하는데 뿌리나 잎은 간장, 폐장, 신장에 효과가 있고 비만, 류머티즘, 천식에도 효과가 높다. 각종 성인병 예방을 위해 조금씩 계속해서 먹는다.

안젤리카

Angelica···Angelica archangelica

안젤리카
미나리과의 다년초로
잎은 깃꼴 겹잎이고
여름에 황록이 섞인
백색의 작은 꽃이
밀집하여 핀다.

유럽 북부가 원산지이며 2미터까지 성장하는 미나리과의 다년초이다. 잎은 깃꼴 겹잎이고 황록이 섞인 백색의 작은 꽃이 밀집하여 여름에 환형·산형 꽃차례를 이루며 핀다. 주로 프랑스, 독일, 미국, 캐나다 등지에서 재배한다. 충분한 크기가 되려면 3, 4년 정도 소요된다.

양지에서 음지에 이르기까지 재배지를 가리지 않고 저온에서도 잘 자란다. 봄에 심는 것이 좋고 포기 간격을 충분히 두어 비옥한 장소에서 기르는 것이 중요하다. 2년째가 되면 꽃이 피고 원줄기는 말라 버리며 다음해에 새순이 난다.

화분이나 플랜터에서 재배할 경우 표면이 마르기 전에 배수하고 생육 기간에 한 달에 한 번 정도 비료를 묽게 준다. 수명을 연장하려면 성숙하기 전에 꽃을 따 주는 것이 좋다. 파종은 봄, 가을에 하며 씨뿌리기와 포기나누기로 번식한다.

쓰임새

꽃에 설탕을 넣어 과자의 장식품으로 사용하며 줄기의 당분을 케이크의 장식품에 쓰는 등 잎, 줄기, 뿌리, 종자의 각 부분을 요리에 이용한다. 잎이나 뿌리는 좀 자극적인 향미와 쓴맛을 가지고 있어 생선 요리의 맛을 내거나 오렌지, 마멀레이드의 향을 내는 데 최적이다. 줄기는 껍질을 벗겨 물에 담가 쓴맛을 우려내고 삶아 먹는다.

또 뿌리나 종자로부터 정유를 추출하여 진이나 아니제트, 베네틱틴 등의 리큐어(liqueur:각종 발효액이나 그 증류액 또는 정제 알코올에 설탕, 식물성 향료, 색소 등을 합성해 만든 혼성주의 한 가지)의 향료로 사용한다. 뿌리를 건조한 것은 진정, 강장, 건위, 구풍약에 이용된다. 풀 전체에는 강장 작용이 있으며 뿌리나 종자에는 유효 성분이 포함되어 있다.

목욕제로 사용하면 피부 조직을 강화시키므로 운동 전후의 입욕에 매우 좋다. 안젤리카로 만든 차는 구풍 작용이 있고 와인에 넣으면 강장과 소화 촉진에 좋은 허브 와인이 된다. 새싹이나 새 줄기를 건조한 것은 약해진 위장에 활력을 주는 차로 이용이 가능하다. 물론 샐러드로 이용하여 먹어도 같은 효과를 기대할 수 있다.

잎을 손으로 가볍게 비벼 모이스트 포푸리를 만들어 상쾌하고 달콤한 방향을 즐긴다. 또 용기에 넣어 차 안에 두면 악취를 방지하는 데 도움을 준다.

안젤리카 모종
새싹이나 새 줄기를 건조한 것은 약해진 위장에 활력을 주는 차로 이용이 가능하다. 물론 샐러드로 먹어도 같은 효과를 기대할 수 있다.

야로우

Yarrow⋯Achillea millefolium

영국 등 유럽이 원산지이고 국화과에 속하는 다년생이며 30~ 60센티미터로 성장한다. 잎의 모양 때문에 '서양톱풀'이라고 불리고 있다. 부드러운 인상의 허브로 하얀색이나 황색, 적색의 꽃이 6, 7월에 피기 시작하여 2개월 정도 계속되며 꽃꽂이용으로도 쓰인다. 풀 전체가 연한 털로 덮여 있으며 줄기나 잎에서 방향이 퍼진다.

야로우를 최초로 상처 치료에 사용한 것은 트로이전쟁의 영웅 '아킬레우스(Achilleus)'라고 한다. 그는 그리스신화에 나오는 예언, 의술, 음악 등에 뛰어난 현인인 카이론으로부터 야로우의 사용 방법을 배워 트로이전쟁에서 몸을 다친 부하들을 야로우로 치료하였다. 이 때문에 'Achillea millefolium'이라는 학명이 붙었다고 한다. 중세에는 '마법의 식물'이라고 하여 이 풀에 악마나 마녀를 쫓아내는 강한 마력이 있다고 믿었다.

야로우는 영국인이 가장 좋아하는 허브로 영국의 많은 허브 가든에서 재배되고 있다. 지금도 영국 가정의 울타리 주위나 양, 말의 목초지에 자생하며 6, 7월의 허브 가든을 백색으로 물들인다.

한 번 심으면 적응력이 강하여 재배가 쉽고 더위와 추위에도 잘 견디며 토양에 관계없이 잘 자란다. 재배할 때 특별히 주의할 것은 없지만 배수가 좋고 양지바른 곳을 좋아한다. 반음지에도 잘 자라므로 허브 가든을 조성할 때 배식(培植)의 묘를 살릴 수 있다.

또한 정원에 심으면 부근 식물의 활력을 증진시키며 진한 침출액은 비료로도 사용된다. 봄에 야채가 잘 자라지 않는 장소에 심어 두면 잡초에 지지 않고 번식한다. 겨울이 되면 지상부는 말라 버리지만 월동하여 다음해 봄에 힘있는 새싹이 나온다.

파종은 봄부터 가을까지 언제나 가능한데 발아 온도는 15~25도가 좋다. 발아하면 잎이 얽히지 않도록 솎아 주어 크게 생육시킨다. 씨뿌리기나 포기나누기로도 간단히 번식할 수 있는데 포기나누기는 겨울과 한여름을 제외하고는 언제든지 가능하다. 겉흙이 마르면 충분히 물을 주고 한 달에 한두 번 물을 준 뒤에 묽게 비료를 준다. 새순에는 진딧물이 달려들기 때문에 우유를 뿌려 바로 없애야 한다.

쓰임새

주로 가든의 관상용으로 심거나 염색, 드라이 플라워에 이용한다. 만개하기 전에 베어내 응달에서 말려 드라이 플라워나 포푸리의 소재로 이용한다. 꽃이 만개하기 전에 줄기 전체를 베든가 꽃대를 길게 잘라 음지에서 충분히 말리면 그다지 퇴색하지 않은 훌륭한 포푸리 소재로 실내 장식에 이용된다. 흰색, 분홍색, 노란색을 조합하면 다채로운 드라이 플라워가 된다.

부드러운 잎은 샐러드로나 데쳐서 먹고 차를 끓여 마시기도 하는데 비타민이나 미네랄 성분이 풍부하게 들어 있다. 꽃은 소화를 돕고 강장 · 이뇨 작용과 혈압을 내리는 데 효과가 높다.

야로우는 지혈을 시키는 성분이 있어 잎과 꽃이 외상 치료에 이용된다. 영국에서는 예부터 야로우를 화상이나 외상의 민간약으로 사용해 왔다. 꽃이나 잎으로 만든 습포제와 세정제는 여드름, 습진, 거친 피부에 효과가 있고 양모(養毛) 효과도 있어 샴푸 등에 사용된다.

신선한 줄기와 잎의 염료는 올리브 그린색으로 염색되며 꽃은 황색으로 물들기 때문에 여러 공예에 많이 사용된다.

오레가노

Oregano···Origanum vulgare

오레가노
꿀풀과의 다년초이며
마조람의 여러 종
가운데 생명력이
강한 품종으로
6월 하순경에
엷은 보라에서 홍색의
꽃이 핀다.

별명이 '와일드마조람(Wild marjoram)'인 오레가노는 그 이름
처럼 병충해와 추위에 잘 견디며 야생화의 강인함이 단연 돋보이
는 허브로 유럽과 서남아시아가 원산지이다. 꿀풀과의 다년초이
며 마조람의 여러 종 가운데 생명력이 강한 품종으로 스위트마조
람과는 같은 속이지만 그 향과 맛은 더욱 뛰어나다.

오레가노는 줄기가 30∼90센티미터이며 뿌리가 수평으로 퍼지
는 성질이 있어 줄기도 지면을 기는 것처럼 자라난다. 6월 하순
경에 엷은 보라에서 홍색의 꽃이 피는데 그 모양은 포트마조람
(Pot marjoram)과 비슷하다.

여름의 고온 다습과 겨울의 추위에 강하며 토질이나 장소를 가
리지 않는다. 오레가노는 배수가 좋고 햇빛이 잘 드는 토양이라
면 그 어떤 야생초보다도 잘 살아난다. 건조한 공기를 좋아하기

때문에 남쪽을 향한 제방 등이 최적의 재배지이다. 그러나 아무리 비옥한 토양에서 번성한 가지라 할지라도 고온 다습한 장마에는 아래쪽 잎부터 썩을 수가 있으므로 통기와 배수에 각별히 신경을 써야 한다. 특히 성장기 때의 원뿌리는 토양의 통기성에 주의를 해야 한다.

거름은 한 달에 한 번 가볍게 주는데 화분이나 플랜터에 심을 때에는 성장에 맞추어 흙을 바꾸어 주든지 큰 화분에 옮겨 심어야 한다. 이때 복잡하게 얽힌 뿌리나 오래된 가지를 산뜻하게 잘라 정리하면 건강한 허브로 키울 수 있다.

발아 온도는 20~25도가 좋으며 4월에 파종하고 흙을 얕게 덮는다. 싹이 나면 얽히지 않게 솎아내고 본잎이 4, 5장 정도 나오면 30센티미터 정도의 간격으로 정식한다.

종자는 봄에 심어서 가을까지는 자라게 둔다. 오레가노의 종자는 아주 작기 때문에 묘판에 파종하는 것이 효과적이며 실생한 모종이 7~10센티미터 정도 묘상에서 뭉쳐 나오면 15~20센티미터의 간격을 두어 정식한다. 추위에 강하기 때문에 겨울을 넘기는 것은 별 문제가 없다.

2, 3년 경과한 큰 가지는 지름 1미터까지 퍼져 자라고 지면에 퍼진 상태로 월동한다. 봄이 되어 햇빛이 내리쬐면 넓게 퍼진 가지에서 잎이 무성하게 나며 줄기가 울창하게 솟아오르게 된다.

2년째 되는 6월 중순경인 봄이 끝날 무렵에 꽃봉오리를 터뜨린 줄기가 일제히 기운을 높여 생동하면 6월 하순경에 보라색에서 홍색의 꽃이 만발하게 핀다. 꽃이 피고 열매가 열리지만 그 크기가 너무 작아서 씨를 받기에는 좋지 않다.

한여름의 고온 상태에서 좋은 종자를 얻기가 매우 어렵고 시간이 걸리기 때문에 불확실한 종자를 파종하기보다는 새롭게 자란

줄기를 잘라서 꺾꽂이하거나 포기나누기로 번식시켜 재배하는 것이 효율적이다. 3, 4년이 지나면 나무처럼 단단해지는 목질화(木質化) 현상이 일어나므로 다시 심어 주는 것이 좋다.

쓰임새

한창 성장할 때의 싱그런 녹색 잎은 야생 식물의 강한 힘과 생명력을 느끼게 한다. 수많은 재배종의 마조람 가운데 유일하게 약초로 사용이 가능하다. 고대부터 관상용 허브로 이용되었는데 줄기와 잎, 꽃은 요리나 목욕제, 포푸리, 염색, 장식품 등에 다양하게 쓰인다.

꽃이 피면 성장이 멈추므로 꽃필 무렵 무성하게 퍼진 가지의 포기 밑에서 적당한 부분을 잘라 통풍이 잘 되는 응달에 매달아 말린 뒤 밀폐시켜 보관한다. 풀 전체를 베어내 통풍이 좋은 응달에서 말려 리스의 소재로 쓰는데 특히 향이 좋아 부엌의 리스로 잘 이용한다.

대개 말린 것을 많이 쓰는데 그러면 생잎 특유의 풋내가 없어지고 은은한 향만 남게 되므로 요리의 맛을 제대로 살릴 수 있다. 그 어느 마조람보다 독특한 냄새와 강한 풍미를 지닌 오레가노는 토마토와 함께 이용하면 좋고 이탈리아 요리나 멕시코 요리에서는 빠지지 않는다. 그리고 피자, 햄버거 등 육류 요리는 물론 생선 요리의 비린내를 제거하는 데 사용하면 좋다. 2년생 오레가노의 큰 가지에서 자란 잎으로 비니거, 파스타, 피클, 버터 등을 만들어 두면 장기간 보존 사용이 가능하다.

꽃은 꿀풀과 특유의 작은 모양을 하고 있지만 하나의 가지에 무성하고 가지런히 피어 볼륨감이 있으므로 드라이 플라워에 이용하면 적합하다. 또 오레가노 잎으로 만든 염료는 소재를 가리지 않고 갈색으로 잘 물든다.

고대 그리스에서부터 약초로 이용된 오레가노의 침출액은 강장, 이뇨, 건위, 식욕 증진, 진정, 살균 작용이 있어 차를 끓여 마시거나 포푸리, 목욕제 등으로 사용한다. 자극적인 오레가노 차는 특히 남성들이 좋아하는데 오한을 없애고 소화를 도와 식욕을 증진시키며 배 멀미에도 효과가 있다.

또 살균과 해독 작용이 있어 뱀이나 전갈 등에 물렸을 때 해독제로도 유명하고 집안에 개미가 침입하는 것을 방지할 수도 있다. 잎에서 얻는 향료 성분에도 강장 작용이 있는데 대부분은 약용보다 식품 향료로 쓰인다. 오일은 거친 피부나 피부 염증을 정화시켜 주고 재생 효과가 있으며, 수건에 묻혀 흡입하면 신경성 두통이나 불면증 치료에 도움을 준다. ❁

차 빌

Chervil···Anthriscus cerefolium

유럽 중동부가 원산지이며 미나리과에 속한다. 30～60센티미터 길이의 상록 일년초이며 희고 작은 꽃이 4월 하순에서 8월 초순에 우산처럼 밀집하여 피는데 그늘진 곳에서도 잘 자라므로 컨테이너를 이용하여 부엌에서 길러도 좋다.

잎은 3회 깃꼴 겹잎이고 꽃에는 하얗고 작은 다섯 개의 꽃잎이 있으며 복산형 꽃차례이다. 파슬리보다 섬세한 느낌의 향이 있어 '미식가의 파슬리' 라고 불린다. 특히 프랑스에서 애용되고 있다.

해가 짧은 겨울에도 온도만 유지하면 성장을 계속하기 때문에 다른 허브에 비해 일조 시간이 적어도 잘 자라는 특징이 있다. 건조와 직사 광선을 싫어하므로 양지에서 반음지까지 조금 습하고 통풍이 좋은 곳이면 잘 자란다. 수경 재배에도 적합하고 비교적 약한 광선에서도 재배가 가능하기 때문에 부엌 창가 등에서 키워

때에 따라 가볍게 이용할 수 있다.

노지에서 재배할 경우 20센티미터 정도의 간격을 두며 겉흙이 마르기 전에 물을 주고 완효성 비료를 밑거름으로 주는데 주중에 한 번 정도 묽은 액체 비료를 주면 좋다. 건조에 약하기 때문에 정원에 심어 크게 키울 때에는 토양의 수분에 주의해야 한다.

대부분의 미나리과 식물처럼 차빌도 이식하면 생장이 늦어지기 때문에 묘판을 사용하지 않고 직접 정원에 파종하든가 화분이나 플랜트에 하는 것이 좋다. 여름의 더위에도 약하기 때문에 5월까지 파종하지 않으면 잘 자라지 못한다.

농장에서 수경 재배를 할 때는 작은 종자를 한줌(20~30알)씩 집어 파종하고 빽빽하게 돋아난 줄기의 밑부분을 커터로 절단하여 이용한다. 수일 뒤에는 자른 자리로부터 새싹이 나온다. 시판되는 종자 봉지에는 작은 종자가 많이 들어 있기 때문에 한줌씩 뿌리는 방법이 간단하지만 한 알씩 간격을 두고 심으면 30센티미터 지름의 큰 줄기로 재배할 수 있다. 파종하고 2개월쯤 뒤에 수확하므로 2주마다 파종하면 수시로 수확할 수 있다.

더위의 고비를 넘긴 9월경에 파종하면 다음해 3월 하순까지 수확을 계속할 수 있다. 씨를 잘 맺기 때문에 가정에서도 간단히 종자를 받을 수 있는데 씨받기를 할 때에는 잎을 수확하지 말고 꽃을 피우게 한다.

쓰임새

수확 때 손에 묻은 즙은 피부를 맑고 깨끗하게 보존하는 효과를 갖고 있다. 민트나 로즈메리를 수확하면 손에 검게 물이 들기 때문에 가장 나중에 차빌을 수확하는 것이 좋다.

부드러운 잎이 차례차례 자라 빠르게 무성해지기 때문에 플랜터를 가까운 장소에 두고 수시로 요리에 사용하면 좋다. 형태나 색채만큼 부드러운 맛과 향은 어떤 요리에 사용하여도 소재의 맛을 상하게 하는 일이 없다.

이탈리안 파슬리와 같은 미묘한 향으로 프랑스 요리에서 꼭 필요한 허브이다. 야채나 어패류의 수프 등 미세한 맛을 내는데 신선한 잎을 잘게 다져 수프에 띄우면 밝은 녹색으로 요리를 돋보이게 한다. 또 드레싱, 버터, 샐러드를 만드는 데 넣기도 하고 요리의 마무리에 장식으로도 이용한다. 귀여운 흰꽃을 샐러드의 채색으로 사용할 수도 있다.

차빌 즙은 진통 완화와 소염 작용이 있어 목욕제나 습포제로 이용하면 상처나 염증을 치료하는 데 도움이 된다. 벌레 물린 곳에 바르기도 하고 피부를 청결하게 해주므로 거친 피부의 세정 효과를 볼 수 있다. 또 탈모 방지나 주름살 방지에도 유용하다.

봄에 수확하지 않고 꽃눈을 따지 않으면 4월에 흰 레이스 모양의 꽃이 가득 피는데 화창한 빛을 흠뻑 받고 하얀 꽃이 살랑거리는 허브 가든의 모습은 일품이다.

차빌 잎

이탈리안 파슬리와 같은 미묘한 향으로 프랑스 요리에서 꼭 필요한 허브이다. 야채, 어패류의 수프 등 미세한 맛을 내는데 신선한 잎을 잘게 다져 수프에 띄우면 밝은 녹색으로 요리를 돋보이게 한다.

차이브

Chive···Alium schoenoprasum

차이브는 백합과의 다년초로 야생화 중에서 키가 제일 작고 잎도 가는 품종이다. 20~30센티미터 정도의 높이로 자라며 6월부터 개화하기 시작한다. 개화 기간은 비교적 길어 1개월 정도 피는데 6, 7월에 걸쳐 분홍, 보라, 담자색에 가까운 작고 귀여운 꽃이 반원형으로 계속 피어난다. 특히 군생하는 성질이 있어 관상용으로 좋은데 한데 모아 화단의 가장자리에 심으면 매우 독특한 경관을 연출한다.

밭에서 키우는 일반 야채와 같이 보수력이 있고, 양지바르며 통기성이 좋은 비옥한 땅에서 잘 자란다. 차빌과 더불어 수경 재배에 적합하기 때문에 부엌이나 베란다와 같은 실내 재배도 가능하다. 고온 건조에는 약하므로 한여름에 햇빛이 강한 날이 계속되면 음지를 만들어 주거나 물주기에 신경을 써야 한다.

가을에 30센티미터 정도의 포기 간격을 두는 것이 바람직하며 한 달에 한두 번 묽은 비료를 준다. 씨를 받는 데 시간이 걸리지만 줄기가 성장하면 재배나 번식이 쉽다.

빛을 좋아하는 바질의 종자와는 달리 주로 어두운 곳에서 발아한다. 발아 온도는 15~20도가 적당한데 비교적 고온에서 싹이 잘 트기 때문에 추운 계절에 정원에 파종할 때에는 고랑을 깊게 파서 검은 비닐로 종자를 보호하고 그 위에 흙을 덮어 준다. 그러면 보온과 차광(遮光)의 효과로 발아율이 높아진다.

첫해에는 꽃을 볼 수 없지만 2년째에는 큰 줄기로 자라 꽃을 피우므로 씨를 받을 수 있고 가을이나 이른봄에는 포기나누기로 간단하게 번식할 수 있다. 화분에 종자를 직접 심든가 노지에 직접 파종하여 그때마다 이용하면 좋다.

봄부터 초여름에 걸쳐서 잎이 빽빽하게 나오면 땅 끝에서 2, 3센티미터 남겨 놓고 완전히 베어낸다. 싹이 바로 나오기 때문에 여름까지 몇 번이고 수확할 수 있는데 관상용일 때에는 수확해서는 안 된다. 꽃이 피면 줄기가 단단해지므로 식용으로 이용할 때에는 꽃봉오리를 잘라낸다.

쓰임새

차이브는 부드럽고 섬세한 향기로 차빌과 같이 야채나 생선 요리에 잘 이용된다. 유럽이나 일본에서는 여러 가지 요리 소재로도 쓰이며 특히 가정 요리의 풍미를 더하는 데 다양하게 쓰이고 있다.

차이브 꽃
꽃이 피면 줄기가
단단해지므로 식용으로
이용할 때에는
꽃봉오리를 잘라낸다.

잎을 뿌리에서 가깝게 베어내 파처럼 이용하지만 파 냄새가 없기 때문에 섬세한 맛의 요리에 사용할 수 있다. 예를 들면 잘게 다져서 감자 요리에 뿌리기도 하고 오믈렛이나 마리네이드, 닭·생선 요리 등에 사용하면 상큼한 맛을 즐길 수 있다.

또 버터를 부드럽게 한 뒤 잘게 다진 잎을 같은 양으로 넣어 섞으면 차이브 버터가 만들어진다. 여기에 민트나 레몬즙을 넣으면 더욱 독특한 맛을 낼 수 있다.

잎을 넣은 오일이나 비니거도 각종 요리에 폭넓게 사용되는데 마늘이나 민트를 함께 넣어도 좋다. 다른 야채에서는 볼 수 없는 둥글고 가느다란 직선 줄기의 인상적인 모양 때문에 요리의 장식으로 많이 첨가되며 꽃은 차이브 드레싱을 뿌린 샐러드에 장식으로 쓰인다.

캐모마일

Chamomile···Chamaemelum nobile

인도와 유럽이 원산지이며 국화과에 속한다. 캐모마일에는 황색의 꽃이 피는 다년초 다이어즈캐모마일과 흰색의 꽃이 피는 로만캐모마일(Roman chamomile)이 있으며 1, 2년초인 저먼캐모마일(German chamomile)이 있다. 독특한 형태의 꽃이 피는 다이어즈캐모마일을 군식하여 볼륨감을 연출하면 매우 훌륭하다.

저먼캐모마일은 달콤새콤한 사과향이 있는데 봄이 되면 자그마한 꽃이 여기저기에서 일시에 개화하여 달콤한 향기가 가득 퍼져 나간다. 스위트바이올렛, 베르가모트, 라벤더, 민트, 레몬밤 등과 함께 심어 꽃색을 조화시켜 허브 가든을 연출하면 꽃과 향에 매료 당할 정도로 일품이다. 노지나 정원에 심으면 바람에 흔들릴 때마다 그 향기가 그윽하게 퍼져 나간다.

개화기를 보면 저먼은 5~7월, 다이어즈는 6월 중순에서 7월 하순까지, 로만은 7, 8월이다. 캐모마일은 낮에는 피고 밤에는 닫혀 있는데 대개 일주일 정도 개화한다.

발아 온도는 15~20도이고 봄과 가을에 씨를 뿌리면 늦어도 2주 뒤에는 발아한다. 어느 토질이나 가리지 않지만 양지바르고 배수가 좋아야 하며 유기질이 풍부한 사질토(砂質土)에서 아름다운 꽃을 피운다. 저온에 강하여 가을에 파종한 줄기가 서리를 맞아도 새해를 맞이할 때까지 살아 있다. 대신 여름의 고온 건조에는 약하기 때문에 화분에서 재배할 때는 시원한 장소로 옮겨 주고 충분히 물을 준다. 한 달에 여러 번 묽게 비료를 주는 것을 잊지 않도록 한다. 진딧물이 달라붙으면 우유를 뿌려 없앤다. 씨받기는 매우 쉬우며 발아력도 강하기 때문에 직접 씨를 받는 것이 좋다.

로만캐모마일은 다년초로 길이가 30센티미터 내외이며 옆으로 포복하는 성질이 있다. 파종은 다른 캐모마일과 같고 다음해 3월에 정원 등에 15센티미터 정도의 간격으로 정식하면 정원을 산책할 때마다 달콤한 향이 풍겨 나온다.

캐모마일의 파종은 이른봄이나 여름이 끝날 무렵에 노지나 화분에 직접 하며 노지나 정원에서 꽃이 피고 떨어진 씨앗에서는 해마다 새싹이 나온다. 재배가 매우 쉬우며 파종한 종자는 10일 내외로 발아하는데 2, 3센티미터 정도 되면 노지나 화분으로 정식한다. 가을에는 짚 등으로 덮어서 추위로부터 보호하고 다음해 3월 중순경 햇빛이 잘 드는 정원이나 화분 등에 정식한다. 5월경

성장기의 캐모마일
어느 토질이나 가리지 않지만 양지바르고 배수가 좋은 사질토에서 아름다운 꽃을 피운다. 저온에 강하여 가을에 파종한 줄기가 서리를 맞아도 새해를 맞이할 때까지 살아 있다.

에 잎은 30~60센티미터 정도 자라고 개화하기 때문에 적당한 꽃
을 수확하여 통풍이 잘 되는 응달에서 말려 저장한다.

쓰임새

저먼 · 로만캐모마일이 개화하기 시작하면 꽃봉오리를 하나하
나 계속 솎아내어 응달에서 겹치지 않도록 펼쳐 놓고 충분히 말
린다. 드라이 플라워나 포푸리를 만들 때에는 가능한 오전중에
꽃을 따서 통풍이 잘 되는 응달에 넓게 펴서 말린다.

충분히 말린 꽃은 밀폐된 병 등에 건조제나 산화 방지제를 넣
어 빛이 닿지 않는 곳에 잘 보관하
면 겨울 동안 캐모마일 차를 즐길
수 있다. 다이어즈는 드라이 플라워
나 황색의 염료로 이용되고 있다.

건조한 꽃은 미용 효과가 뛰어나
목욕제로 이용한다. 또 민감한 피부
용 스킨 케어의 원료로 쓰이며 마사
지 오일에 소량을 넣으면 운동 후
피로 회복에 좋다.

저먼캐모마일은 꽃꽂이, 포푸리,
목욕제 등에 다양하게 쓰인다. 침출
액을 더운물에 넣어 더운 김을 쐬면
그것이 바로 페이셜 사우나이다. 피
부의 살균 정화에도 유용하며 달인 물을 욕제로 쓰면 심신의 긴
장을 풀어 주며 전신 미용에 효과가 크다.

유럽에서는 탕약이라고 하면 캐모마일을 연상할 정도인데 '마
트리카리아' 라는 속명도 자궁에 효과가 있어서 생긴 것이다. 한

로만캐모마일
개화하기 시작하면
꽃봉오리를 하나하나
계속 솎아내어
응달에서 겹치지
않도록 펼쳐 놓고
충분히 말린다.

방에서도 약초로 쓰이는데 저염증, 방부, 구충약, 경련을 가라앉히는 데 좋다. 특히 건위 약제로 유명하다.

개화한 뒤 2, 3일째가 꽃의 향기가 좋고 맛이 있다. 예부터 취침 전에 캐모마일 차를 마시면 불면증과 발한 작용으로 감기 초기에 효과가 있어 민간 요법에 다양하게 이용되었다. 향은 마음이 초조하고 화가 나거나 심한 정신적 긴장을 완화시킨다.

작고 흰 꽃 5, 6개를 뜨거운 물에 넣으면 달콤한 사과향의 신선한 차를 즐길 수 있는데 유럽에서는 일상화되어 있다. 냉증이 있는 사람에게는 몸을 보온하는 효과가 있다.

코리안더

Coriander···Coriandrum sativum

코리안더는 남유럽, 지중해 연안이 원산지로 미나리과에 속하는 일년초이다. 미나리와 아주 닮은 잎으로 줄기와 어린 잎에서 노린재와 비슷한 독특한 냄새가 있는데 사람에 따라서 악취로 느낄 수도 있다. 성숙하면 방향이 변화하는데 중국, 인도 등 동남아시아의 여러 나라에서 스파이스로 중요하게 사용되고 있다.

코리안더는 고대 그리스나 이집트에서도 약용으로 쓰였으며 로마시대에는 고기의 방부제로, 중세에는 미약이나 최음제(催淫劑)로 사용되었다. 미국에서 최초로 재배된 허브이기도 하다.

코리안더라는 이름은 그리스어의 '빈대', '악취나는 벌레'라는 말에서 유래한 것으로 코리안더의 잎이나 미숙한 녹색의 열매가 가진 불쾌한 냄새 때문이다. 그러나 완숙한 것을 말리면 서서히 불쾌한 냄새가 없어져 상쾌하고 향기로운 맛이 난다.

녹색의 윤기 있는 줄기는 가늘게 갈라지고 잎도 작게 나눠지며 흰색이나 분홍색의 작은 꽃이 핀다. 꽃잎은 5장으로 꽃차례 주변의 3장이 크고 길이는 60~90센티미터 정도이다. 여름에 흰색이나 분홍색의 꽃이 우산형으로 피며 작은 공 모양의 씨를 맺는다.

보수력이 있고 양지바르며 배수가 잘 되는 비옥토를 좋아하므로 파종하기 전에 유기질 비료를 토양에 많이 뿌려 둔다. 이식을

코리안더

남유럽, 지중해 연안이 원산지로 미나리과에 속하는 일년초이다. 녹색의 윤기 있는 줄기는 가늘게 갈라지고 잎도 작게 나눠지며 흰색이나 분홍색의 작은 꽃이 핀다.

코리안더 묘목
봄이나 가을에 종자를
노지나 화분에 직접
파종한다. 발아하면
적은 묘목은 솎아내고
큰 묘목만을 남겨
둔다. 빠른 시간에
크게 자라므로
쓰러지지 않도록
받침대를 사용한다.

하면 성장이 늦어지고 시기가 나쁘면 빈약한 꽃이 피기 때문에 봄이나 가을에 2, 3알의 종자를 노지나 화분에 직접 파종한다.

발아하면 적은 묘목은 솎아내고 큰 묘목만을 남겨 둔다. 빠른 시간에 크게 자라므로 쓰러지지 않도록 받침대를 사용한다. 다음해에는 떨어진 씨앗에서도 싹이 난다. 발아 온도는 15~20도이고 한여름을 피해 3, 4월이나 9월에 파종한다. 파종하여 2, 3개월이면 개화하지만 3월경은 상순과 하순의 기온차가 심하기 때문에 개화 시기가 예상대로 되지 않을 때가 있다. 따라서 2주일을 주기로 여러 번에 나누어서 심으면 안전하다.

이른봄에 파종하면 3, 4개월 만에 성숙하고 7, 8월경에 종자의 색이 녹색에서 황갈색으로 되는데 이때 수확을 한다. 3, 4월에 심은 종자에서 2, 3개월 지나 꽃이 피기 시작할 정도로 성장이 빠르다. 녹색의 종자가 담갈색으로 변할 때쯤 꽃봉오리를 수확하여 통풍이 좋은 응달에 매달아 잘 말린다.

쓰임새

잎과 꽃은 햇볕이 안 들고 통풍이 잘 되는 실내에 거꾸로 매달아 말린다. 냄새가 싫은 사람은 처마 밑에서 말려 마지막에 전자레인지에 넣어 처리한다. 어린 잎이나 꽃을 손으로 떼어 샐러드나 수프에 띄우기도 하며 피클, 리큐어에는 한두 장의 잎을 가라

앉혀 이용한다.

코리안더의 종자는 5밀리미터 정도의 지름에 황갈색 구형이며 레몬과 세이지를 합쳐 놓은 것같이 산뜻한 향기와 부드러운 맛을 갖고 있어서 매우 다양하게 쓰인다. 쿠키나 빵에 종자를 넣고 구워도 향을 느낄 수 있고 피클이나 고기 요리 등의 향을 내는 데 쓰이며 카레의 블렌딩에도 빠지지 않는다.

종자로부터 채취한 정유는 통조림, 향수, 사탕, 빵, 햄 종류, 통조림 수프, 주류 등에 향료로 쓰이며 약재의 거북한 냄새를 없애는 데 사용되고 오이 피클에도 빠지지 않는다. 분말은 멕시코 요리 등에 잘 사용되는 칠리가루의 중요한 성분이며 쿠키, 소시지의 스파이스로 사용되고 있다.

동남아시아에서는 생선 수프 등에 고상한 맛을 낼 때 잎을 사용하며 생선 요리의 샐러드로도 쓴다. 또 건조한 종자나 잎, 뿌리를 향료, 구풍제, 흥분제로 사용하는데 종자에는 위액의 분비와 소화를 촉진하는 성분도 있다.

종자를 갈아서 만든 습포약은 류머티즘이나 관절염의 통증을 완화하는 데 사용되며, 차를 만들어 마시면 가벼운 진정 작용이 있고 소화를 촉진시킨다. 음료수, 기침약, 건위제, 구취나 구토 방지의 의약용으로 지금도 사용되고 있다.

콘플라워

Cornflower⋯Centaurea cyanus

콘플라워

국화과 일년초로
지중해, 서아시아에
걸쳐 분포하고 있다.
허브 가든이나
꽃꽂이의 관상용으로
세계 각국에서
재배하고 있는데
5월에서 7월까지
청색, 흰색, 분홍색,
적색 등의 다양한
꽃이 계속 핀다.

사랑과 희망을 상징하는 콘플라워 (수레국화)는 1925년 투탕카 멘(Tutankhamen)의 미 라를 발굴할 당시 회 색으로 변색되었지 만 형태 그대로 발 견되었다. 국화과 일년초로 지중해에 서 서아시아에 걸쳐 분포하고 있다. 허브 가 든이나 꽃꽂이용으로 세계 각국에서 재배하고 있는데 60센티미 터 정도까지 성장하고 5월에서 7월까지 청색, 흰색, 분홍색, 적색 등의 다양한 꽃이 계속 핀다. 토양을 가리지 않으므로 초심자도 재배하기 쉬우나 양지바르며 배수와 통풍이 잘 되는 곳이라야 한 다. 유기질 비료를 주면 생육 상태가 매우 좋아진다.

청아하게 피는 청색의 콘플라워와 보리지, 라벤더, 스위트바이 올렛, 세이보리 등으로 블루 허브 가든을 조성하면 독특한 정경 을 볼 수 있을 것이다.

봄, 가을에 노지에 직파하거나 묘상에 파종한다. 발아 온도는 15~20도가 적당하며 본잎이 4, 5장 나오면 30센티미터 정도의 간격으로 정식한다. 완전히 성장하면 쓰러지기 쉬우므로 받침대 를 세우는 것이 좋다. 다음해에는 떨어진 종자에서 싹이 나온다.

쓰임새

콘플라워는 예부터 사람들의 생활에 긴요하게 이용된 식물로써 이뇨 작용 등 약리 효과를 내는 것으로 알려져 있다.

꽃의 침출액을 수렴성이 있는 산성 화장수로 쓰며 눈이 피로하거나 염증이 있을 때에는 잎의 침출액을 안약으로 쓰고 있다. 그 밖에 기관지염이나 기침, 간장병에도 효과가 있다. 허브 가든에서 관상용으로 기르는 것 외에 꽃이나 줄기를 말려 드라이 플라워나 포푸리에 이용한다. 꽃잎은 샐러드나 차를 만드는 데 이용한다.

타라곤

Tarragon···Artemisia dracunculus

타라곤
꽃이 피는 일이
비교적 적은데
7월 하순에서
8월 중순에 백록색의
꽃이 핀다. 양지바르며
배수와 통기성이 좋고
약간 메마른 듯한
비옥한 토양을
좋아한다.

타라곤에는 남유럽 원산의 프렌치타라곤(French tarragon)과 시베리아 원산의 러시안타라곤(Russian tarragon)이 있다. 프렌치타라곤은 열매를 맺지 않으므로 종자로 판매되고 있는 타라곤은 러시안타라곤이다. 러시안타라곤은 국화과의 다년초로 번식력이 강해서 재배도 용이하고 1.2~1.5미터까지 자라며 향기와 맛은 약하고 약간 쓴맛이 있다. 프렌치타라곤은 50~80센티미터 정도 된다.

꽃이 피는 일이 비교적 적은데 7월 하순에서 8월 중순에 이르기까지 백록색의 꽃이 핀다. 양지바르며 배수와 통기성이 좋고 약간 메마른 듯한 비옥한 토양을 좋아한다. 장마가 끝나고 강한 햇빛이 계속되면 서서히 마르기 때문에 통풍이 잘 되고 약간 음지여야 한다. 내한성이 강하므로 겨울에 지상부가 말라 버려도 뿌리는 살아 있는데 실내로 옮기면 오히려 약해지는 경우가 있다.

일년에 한 번은 포기나누기를 한다. 이식하면 잘 자라고 향기가 떨어지는 것을 방지할 수 있다. 발아 온도는 15~20도 정도이며 주로 봄, 가을에 파종하는데 러시안종은 봄에 묘상에 파종한다. 꺾꽂이나 3년에 한 번 정도 포기나누기로 번식하며 봄이 적기이고 향이 좋은 가지를 선택하는 것이 좋다.

요리에 이용하기 위해 묘판을 구입할 때에는 프렌치타라곤인지를 확인할 필요가 있다. 프렌치타라곤은 꺾꽂이나 줄기나누기로 번식한다. 러시안타라곤의 왕성한 번식력에 비해 프렌치타라곤은 꽃이 피는 일이 적고 개화해도 거의 종자를 얻을 수 없다. 여름과 한겨울에는 휴면하기 때문에 연내 수확은 어렵다. 초여름에는 1미터까지 자란다.

쓰임새

타라곤의 잎은 소스나 샐러드, 수프, 생선 요리 등에 널리 사용하며 올리브유나 비니거에 넣어 요리의 향을 낸다. 타라곤 비니거는 '마법의 향'이라고 불릴 정도이다. 토마토 요리에 잘 어울리는 허브로 향기나 쓴맛이 강해 요리에 많이 넣으면 안 된다.

특히 프렌치타라곤은 잎에 광택이 있고 달콤한 향과 맛이 강하며 매운맛도 있어 주로 요리에 사용된다. 프랑스 요리에 잘 사용되기 때문에 '에스트라곤(estragon)'이라고 불린다. 러시안타라곤의 향기에 비해 세련되고 샤프한 향을 가지고 있다. 강한 향의 개성을 가진 허브 중에서도 특히 향이 강하여 작은 잎 한 장을 넣

성장기의 타라곤

소스나 샐러드, 수프, 생선 요리 등에 타라곤의 잎을 폭넓게 이용하며 올리브유나 비니거에 넣어 요리의 향을 낸다. 타라곤 비니거는 마법의 향이라고 불릴 정도다.

어도 요리의 맛이 달라지므로 드레싱 등에 소량 이용한다.

요리에는 프렌치타라곤만 사용하지만 허브 가든에서 군생하는 러시안타라곤은 신선한 풀향기가 가득하여 매력 있는 허브이다. 키친 허브로도 인기가 높고 후추와 비슷한 향이 있어 버터, 비니거, 오일, 피클 등에 다채롭게 이용된다.

타라곤 차는 식욕 증진, 건위와 소화 불량, 체했을 때나 복부 팽만에 효과가 있다. 또 잎의 침출액은 통풍, 류머티즘, 관절염 등에 좋고 목욕제로도 효과가 있다.

타 임

Thyme···*Thymus vulgaris*

라벤더나 로즈메리 등과 더불어 우리에게 잘 알려진 허브인 타임은 지중해가 원산지이다. 학명은 '향기를 피운다'는 뜻이며 이른 여름에 흰색에서 분홍색에 이르기까지 다양한 색의 작은 꽃이 핀다. 타임에는 레몬타임, 골든타임, 실버타임(Silver thyme) 등 많은 종류가 있다.

꿀풀과의 상록성 소저목으로 줄기는 15~30센티미터까지 자란다. 목질화한 줄기에서뿐만 아니라 풀 전체에 강한 향이 있다. 적응력이 뛰어나고 꺾꽂이, 포기나누기가 쉽다. 고온 건조와 저온에 강하고 월동할 수 있지만 습기에 약하고 장마 때에 통풍이 나쁘면 서서히 마른다. 화분용은 다습하지 않도록 주의해야 한다.

양지바르고 통풍과 배수가 잘 되는 약간 건조한 토양에서 잘 자란다. 화분에서 키울 때는 겉흙이 완전히 마르기 전에 물을 주며 생육 기간 동안 묽은 액체 비료를 한두 번 준다. 또 산성토를 싫어하므로 산성토를 석회로 중화시키는 것이 좋다. 골분 등을 토양에 20퍼센트 정도 섞으면 칼슘의 보급과 흙의 산성화를 막아 준다.

재배가 비교적 쉬우므로 허브 가든에 잔디 대신 사용하며 화단 가에 둘러 심는다. 잔디밭에 섞어 심기도 하는데 도로변에 심으면 상쾌한 향을 즐길 수 있다. 암석원에도 좋다.

타임

이른 여름에 흰색에서 분홍색에 이르기까지 다양한 색의 작은 꽃이 핀다. 꿀풀과의 상록성 소저목으로 줄기에서뿐만 아니라 풀 전체에 강한 향이 있다.

발아 온도는 15~20도를 요구하며 파종은 봄과 가을에 하는데 종자는 빛을 좋아하므로 흙을 적게 덮는다. 싹이 트면 잎이 얽히지 않도록 솎아내고 본잎이 4, 5장 나오면 20~25센티미터 정도 간격으로 정식하는데 그러면 다음해에 한 면이 타임 융단처럼 깔린다.

번식은 꺾꽂이, 포기나누기, 씨뿌리기로 하며 봄이나 가을에 일년 지난 줄기를 떼어 포기나누기 하는 방법이 간단하고 확실하다. 큰 줄기가 자라면 꺾꽂이하는데 튼튼한 가지를 5센티미터 정도로 잘라서 버미큘라이트에 1센티미터 정도 깊이로 꽂는다. 그 다음 그늘지게 하고 통풍이 잘 되는 장소에 놓아 두면 2주 정도 뒤에 뿌리를 내리며 초여름인 경우에는 2, 3일 뒤에 뿌리가 나온다. 결실하여 떨어진 종자로부터 다음해에 새싹이 돋아나는 것을 볼 수 있다.

여러 개의 작은 가지가 나오고 튼튼한 줄기가 되기까지 수확을 기다린다. 가지가 나와 버리면 지상부를 전부 베어도 새로운 싹이 곧 나온다. 하지만 좋은 생육 상태를 위해 한여름의 고온기와 월동 전에는 줄기가 상하지 않도록 수확을 하지 말고 꽃이 필요하지 않을 때에는 개화 전에 꽃봉오리를 떼어낸다.

쓰임새

요리나 포푸리, 입욕제, 염료 등에 이용한다. 타임 차는 기침이나 인후통, 구강염에 효과가 높다. 부패 방지와 살균력이 있으므로 고기 요리의 보존에 사용하며 맛을 풍부하게 하는 데 달콤한 방향을 이용하고 있다. 다른 허브와도 잘 맞아 서양 요리에서 없어서는 안 되며 산뜻한 향의 이용 범위가 넓어 키친 허브로서 빼놓을 수 없다. 쇠고기나 토마토 요리 외에도 치즈나 버터 요리에 넣어 농후한 맛에 풍미를 더한다.

식초에 신선한 가지를 넣고, 올리브유에는 건조한 가지를 몇 개 넣어서 2주 정도 매일 병을 흔들어 주면 향이 풍부한 비니거와 오일이 된다. 비니거는 햇살이 좋은 곳에 두고 오일은 차고 어두운 장소에 둔다.

온수에 오일을 몇 방울 떨어뜨리고 수증기를 흡입하면 감기 예방에 좋고 인후통을 부드럽게 한다. 또 타임은 리스 소재로 인기가 높은데 신선한 상태를 한 묶음 만들어 그대로 통풍이 좋은 응달에서 건조하여 완성한다. 거실이나 부엌의 실내 장식에도 어울린다.

타임향은 배추흰벌레 등이 싫어하므로 미나리과 허브의 옆에 심으면 효과가 있다. 주성분인 티몰(Thymol)에는 강한 살균력이 있어서 입가심약, 피부 정화에 이용되며 피부병의 치료약으로 쓰인다. 방향 성분을 화장수, 유액, 크림에 넣어 미용에 이용한다. 또 린스에 넣으면 탈모 방지에도 효과가 있다. 잎의 방향에는 정신 강장의 효과가 있어 기분이 우울할 때 효과적이고 강한 살균 작용도 있어 실내 방향제로 사용된다.

타임은 강력한 방부성 물질을 포함하고 있어 유럽에서는 약품으로 사용하고 있다. 타임의 방부·살균 작용은 위장, 호흡기 계통의 병에 효과가 있고 잎에서 추출한 정유는 구충제 특히 십이지장충에 효과적이다. 잎을 이용한 타임 차는 신경·호흡기 계통의 질환, 감기의 초기 증상에 효과가 높다.

실버타임
타임향은 배추흰벌레 등이 싫어하므로 미나리과 허브의 옆에 심으면 효과가 있다. 주성분인 티몰에는 강한 살균력이 있어서 입가심약, 피부 정화에 이용되며 피부병의 치료약으로 쓰인다.

탄 지

Tansy…Tanacetum vulgare

영국과 북유럽을 원산지로 하는 탄지는 국화과의 상록 다년초로 꽃의 형태가 단추를 닮았다고 하여 '학사님의 단추' 로 불리고 있다. 이 꽃은 오래 전부터 '불사(不死)' 라는 뜻의 그리스어 '아타나시아(Athanasia)' 로 알려져 있는데 그것은 한여름에서 초겨울까지 계속 피어 있고 개화 직전에 딴 꽃의 드라이 플라워는 언제까지나 아름다운 색이 바래지 않는 것에서 유래한다. 추위와 번식력이 강한 숙근초로 풀고사리를 연상시키는 모양을 한 진녹색 잎에는 강렬하면서도 산뜻한 방향이 있다. 여름 무렵에는 1미터를 넘는 키 큰 줄기가 무성하게 자란다. 깊게 갈라진 잎은 양치식물을 매우 닮았는데 줄기 끝에서 가지가 갈라지며 금단추와 같은 황색 꽃으로 한여름을 수놓기 때문에 허브 가든의 배경 식재로서도 매우 좋다.

토양은 가리지 않으나 양지를 선호하며 특히 배수가 잘 되어야 하고 비옥한 토양에서 성장이 빠르다. 어느 토질에서나 생장력이 강하고 땅속줄기로 번식하므로 허브 가든에 심었을 때 인접한 다른 허브에 피해를 준다. 따라서 주위를 지하 30센티미터 정도 파서 판자나 블럭으로 막아 준다. 화분 재배는 적절하지 않으나 화분에 심을 때는 속이 깊은 것을 선택하여야 하며 물이나 비료를 주는 일은 그다지 필요없지만 겉흙이 마르면 물을 준다.

파종은 봄이나 가을에 하며 발아 온도는 15~20도가 적당하다.

본잎이 5장 정도 나오면 30센티미터 간격으로 정식한다. 파종한
종자의 씨를 받든가 봄이나 가을에 포기나누기로 번식하며 7월
초순에서 9월 하순까지 수확한다.

쓰임새

중세에 탄지는 가정용 허브로 중요하게 쓰였는데 약용 이외에
실내의 방향제, 육류의 부패 방지, 방충제, 염료, 차, 빵과 푸딩
등에 향기를 첨가하기 위해 사용되었다. 현재에는 식용으로 사용
하지 않는데 미국의 어느 주에서는 함유 성분에 문제가 있다고
하여 탄지로 만든 차 판매를 금지하고 있다.

염색 허브로도 유명한데 부드러운 잎을 채취하여 잘게 썰어 염
색하면 황색에서 수수한 녹색빛이 도는 회색까
지 매력적인 농담을 연출할 수 있다. 또 피기 시
작한 잎이나 꽃으로 염색을 하면 그린 계통의 색
을 낸다.

건조한 잎은 살충·살균 효과가 있기 때문에
향 주머니에 넣어 해충제로 이용한다. 특히 파리
가 싫어하므로 잎으로 고기를 싸서 향을 내면 파
리가 달려들지 않는다. 또 현관이나 애완 동물의
집에 넣어 두어도 큰 효과를 발휘한다. 꽃과 잎은
드라이 플라워나 포푸리에도 사용하는데 신선한
긴 줄기를 이용하여 리스로 쓰기도 하나 부드러
운 색이 바래기 쉬우므로 개화 직전의 것으로 사
용한다. 줄기나 잎을 신선한 상태에서 짧게 잘라
목욕탕에 넣어 욕제로 사용하며 꽃꽂이용으로도
좋다.

건조한 잎은
살충·살균 효과가
있어 향 주머니에 넣어
해충제로 이용하는데
특히 파리가 싫어하기
때문에 잎으로 고기를
싸서 향을 내면 파리가
달려들지 않는다.

탄지 잎

펜 넬

Fennel···Foeniculum vulgare

펜넬은 미나리과의 상록 다년초로 1.5~2미터 높이까지 자라기도 한다. 여름에 황색의 작은 꽃이 우산처럼 밀집하여 핀다.

펜넬에는 줄기 밑부분이 비대한 플로렌스펜넬(Florence fennel)과 보통의 스위트펜넬(Sweet fennel)이 있고 전체가 브론즈색(청동색)을 하고 있는 브론즈펜넬(Bronze fennel)이 있는데 이용법이나 약효는 같다. 일반적으로 말하는 펜넬은 스위트펜넬을 가리키는데 줄기와 잎, 꽃, 종자에서 아니스를 닮은 달콤한 향이 난다.

양지바르고 유기질이 풍부한 비옥한 토양을 좋아하는데 크게 성장하므로 바람이 강한 곳에서는 받침대를 세워 준다. 한여름의 고온 건조에는 물을 충분히 주고 통풍을 좋게 하여야 한다.

화분에서 재배할 때에는 뿌리가 곧은뿌리이기 때문에 주의해야 하며 3개월에 한 번씩 한줌의 골분을 주고 질소 비료를 조금 준다.

발아하기에는 15~20도가 적당하고 이식을 싫어하므로 노지나 화분에 직접 파종하는 게 좋은데 이른봄이나 여름이 끝날 무렵 50센티미터 이상으로 포기 간격을 두고 파종한다. 채취한 종자를 다음해 봄에 파종하면 7월경에 개화하고 2년째에는 5, 6월경에 개화한다. 2년째부터는 분을 나누어 번식할 수 있는데 포기나누기는 이른봄이나 초가을에 잎을 떼어낸 뒤 정원이나 노지에서 심는다.

직접 씨를 받을 때에는 다른 미나리과와 교접하기 쉽기 때문에 향기 좋은 튼튼한 줄기를 종자용으로 채택하여 방충망 등으로 격리한다. 결실한 종자가 색을 띠기 시작하면 줄기를 베어 응달에서 거꾸로 매달아 말린 뒤 종자를 손으로 비벼서 채취한다.

6월 중순에서 8월 중순에 수확하는데 꽃이나 종자를 수확한 뒤에 줄기 밑부분을 꼭 베어내야 한다. 줄기를 그대로 남기면 새로운 싹이 늦게 나오거나 줄기가 말라 버리기 때문이다.

쓰임새

펜넬은 종자, 잎, 줄기, 뿌리 등 어느 부분을 씹어도 강렬한 향을 느낀다. 요리에서는 전부를 이용할 수 있다. 플로렌스펜넬은 일년초이지만 도우루펜넬은 다년초로 어린 잎이 차례로 나오기 때문에 일년 내내 이용이 가능하다.

또 '다이어트 허브'라고도 불리는데 잎과 줄기를 그대로 샐러드로 이용하며 마리네이드 소스와 혼합하기도 한다. 특히 생선 요리에서는 생선의 뱃속에 넣고 줄기와 잎으로 감싸서 굽는 등

펜넬은 종자, 잎, 줄기, 뿌리 등 어느 부분을 씹어도 강렬한 향을 느낀다. 다이어트 허브라고도 불리는데 잎과 줄기를 그대로 샐러드로 이용하며 마리네이드 소스와 혼합하기도 한다.

그 이용 범위가 매우 다양하다.

비니거를 만들 때에는 신선한 잎을 이용하고 오일을 만들 때는 향이 없어지지 않도록 건조한 잎을 사용하는 것이 좋다. 또 싱싱한 잎은 요리의 장식으로 좋다. 종자는 갈아서 빵이나 케이크의 향료로 쓰며 냄새가 강한 음식이나 기름기 있는 요리를 먹은 뒤에 2, 3장의 잎을 씹으면 입 안의 냄새를 제거해 준다.

펜넬은 특히 각종 여성병에 효과가 높은데 차를 만들어 마시면 갱년기의 여러 증상을 완화시킨다. 또 산모의 모유가 잘 나오도록 하는 성분이 있는데 이 성분은 양과 젖소에도 효과가 있어서 유럽에서는 사료에 섞어 쓰기도 한다. 식욕 증진, 건위, 체한 데에 효과가 있으며 위장의 소화를 돕는 작용이 있어서 위장약의 원료로도 사용된다. 향에는 정신 고양 효과가 있어 목욕제와 화장수로 쓰이는데 향을 맡으면 스트레스가 해소되고 심신의 긴장을 풀어 주어 숙면에 도움을 준다.

포트마리골드

Pot marigold···Calendula officinalis

해가 뜰 때 꽃이 피고 한낮의 강렬한 태양과 마주보다가 저녁이 되면 꽃잎을 닫는 포트마리골드는 유럽 남부가 원산지인 국화과의 일, 이년초이다. 고대 그리스시대 이전부터 인도와 아랍 문화권에서 사용하고 있었다. 유럽에서 마리골드라고 불리는 금송화는 가로변에 흔히 심어지기 때문에 우리에게도 친숙하지만 허브로 분류되는 포트마리골드와는 조금 다르다.

줄기가 60~70센티미터이며 잎은 털로 덮여 있는 긴 도란형(倒卵形)이고 주황, 황색의 꽃이 개화기 때는 잎을 덮을 정도로 흐드러지도록 핀다. 꽃봉오리가 열리는 것이 매월 초순경이어서 '칼렌둘라(Calendula)' 라는 학명이 유래되었다.

대표적인 내한성 허브로 토양은 가리지 않으나 양지바르며 배수와 보습이 좋은 비옥한 토질에서 잘 자라며 산성 토양과는 맞지 않다. 생육이 왕성하여 군식하여 심으면 볼륨이 있고 한 줄기에 많은 꽃이 피므로 플랜터나 조금 큰 컨테이너에 심어 즐겨도 좋다. 가을에는 다른 허브를 압도할 정도로 향과 꽃이 뛰어나다. 겉흙이 마르지 않도록 잘 관찰하여 충분히 물을 주고 한 달에 여러 번 비료를 묽게 주며 진드기와 배추벌레 등의 병충해에 주의한다.

15~20도의 발아 온도를 요구하며 봄, 가을에 파종한다. 개화기가 긴 포트마리골드는 봄에 한 번 파종하면 여름에 50센티미터

정도 자라고 다음해 이후에는 떨어진 씨에서 새싹이 나와 해마다 반년 정도 꽃을 즐길 수 있다. 가을에 묘상에 파종하고 본잎이 4, 5장 정도 될 때 화분에 정식하여 실내에서 월동하면 다음해 봄에 꽃이 핀다.

쓰임새

포트마리골드는 주로 약용, 착향료, 식용에 이용된다. 신선한 꽃잎은 샐러드나 수프, 차에 띄우기도 하며 꽃은 황색을 내는 염료로 쓰이고 있다. 아름다운 꽃과 색은 포푸리에 중심적 역할을 하므로 꽃잎을 하나하나 정성스럽게 따서 응달에서 건조한다.

약용 허브로는 가장 이용 범위가 넓고 유효한 식물로 잎과 꽃을 먹거나 복용하면 소화 촉진, 소화 불량의 해소, 위궤양, 십이지장궤양의 치료 효과가 높은 것으로 인정되고 있다. 수렴성, 항균성, 항염증성, 살균 효과가 뛰어나 피부염과 모든 상처, 염증, 종기, 지혈에 효과를 발휘하며 이런 외용 치료에는 건조한 꽃잎의 엑기스나 오일을 사용한다.

또 뜨거운 물에 꽃과 잎을 넣어 만든 침출액은 간단한 피부 보습제로 언제든지 쓸 수 있다. 꽃의 액은 외상, 화상, 가벼운 동상의 습포제, 도포제로 이용되는데 피부를 젊게 하는 효과도 있어 미용제로서 페이셜 사우나에 사용된다. 베이비유에 넣은 것은 햇빛에 탄 피부를 부드럽게 하는 데 효과가 있다. 한편 생리통 완화나 생리를 순조롭게 하는 작용이 있으므로 여성에게 좋다.

약용 허브로는 가장 이용 범위가 넓고 유효한 식물로 잎과 꽃을 먹거나 복용하면 소화 촉진, 소화 불량의 해소, 위궤양, 십이지장궤양의 치료 효과가 높은 것으로 인정되고 있다.

포트마리골드 잎

헬리오트로프

Heliotrope···Heliotropium arborescens

헬리오트로프
오래 전부터 향수의
원료로 사용되어
왔으며 남미가
원산지인 지치과의
다년초이다.
상록 저목으로 자색,
오렌지색, 백색의
꽃이 핀다.

오래 전부터 향수의 원료로 사용되어 온 헬리오트로프는 남미가 원산지인 지치과의 다년초이다. 향이 강하여 향수의 원료로 쓰이는 커먼헬리오트로프(Common heliotrope)와 향은 조금 약하나 꽃이 많이 피는 원예 품종의 빅헬리오트로프(Big heliotrope)가 있다. 빅헬리오트로프의 꽃은 봄부터 가을에 걸쳐 감상할 수 있지만 그다지 향은 없다.

상록 저목으로 자색, 오렌지색, 백색의 꽃이 핀다. 줄기는 30~50센티미터이고 양지바르며 배수가 좋고 비옥한 토질을 좋아하는데 노지에서는 월동이 불가능하므로 화분이나 플랜터를 이용하여 실내에서 관리하는 것이 바람직하다. 온실에서는 겨울에도 꽃을 피울 수 있다.

4월경에 묘상에 파종하여 본잎이 5장 정도 나오면 정식하고 겨울에는 물을 아주 적게 준다. 발아 온도는 15~20도이며 씨뿌리기나 꺾꽂이, 포기나누기로 번식한다.

꺾꽂이는 새로운 가지를 5, 6월에 5~7센티미터로 잘라 버미큘라이트에 꽂아 그늘지고 통풍이 잘 되는 장소에 놓아 둔다. 9, 10월에 꺾꽂이를 하면 다음해에 꽃을 볼 수 있다. 6월 초순에서 9월 하순에 수확한다.

화분에 심은
헬리오트로프

대부분의 허브 가든을
채색하며 관상용으로
쓰이지만 꽃꽂이용,
화분용으로 이용하는
것이 일반적이다.

쓰임새

진보라의 작고 아름다운 꽃이 밀집하여 피기 때문에 줄기째 베
어 꽃꽂이나 드라이 플라워, 포푸리에 쓰면 좋다. 신선한 싹을 남
기려면 아침 일찍 잘라서 응달에서 가능한 빨리 말려야 한다.

최근 대부분의 허브 가든을 채색하며 관상용으로 쓰이는 것이
빅헬리오트로프이다. 그 꽃은 가든의 관상용으로도 좋지만 꽃꽂
이용이나 화분용으로 이용하는 것이 일반적이다.

히 솝

Hyssop···Hyssopus officinalis

성서에 기록되어 있을 정도로 오래 전부터 이용된 히솝은 손끝만 스쳐도 강하고 상쾌한 향이 난다. 잎과 꽃에서 아니스향이 나며 개화기가 비교적 길어서 8~10월까지 자줏빛의 꽃이 계속 핀다.

성서에 기록되어 있을 정도로 오래 전부터 이용된 히솝은 손끝만 스쳐도 강하고 상쾌한 향이 난다. 남유럽과 중앙아시아가 원산지이며 꿀풀과의 다년생으로 줄기가 1미터 정도인 상록 반저목이다. 북아메리카에서도 야생하고 있지만 프랑스, 독일, 네덜란드, 헝가리, 불가리아 등이 주산지이다. 가지 끝에서 10센티미터 정도까지 한쪽에 3개의 꽃이 피며, 잎은 마주 나고 잎몸은 길고 원형이다.

히솝에는 스파이스용과 관상용이 있는데 스파이스용의 꽃색은 청자색이고 관상용은 분홍색이나 흰색이 많으며 담홍색도 있다. 잎과 꽃에서 아니스향이 나며 개화기가 비교적 길어서 8~10월까지 꽃이 계속 핀다.

배수가 좋고 양지바르며 유기질이 풍부한 건조한 땅에서 잘 자라는데, 자라면서 줄기가 목질화되므로 3, 4년마다 새로운 묘목으로 바꾸어 주는 것이 좋다. 병충해에 매우 강하여 벌레가 거의 달라붙지 않는다. 추위와 더위에도 강하여 그다지 관리가 필요없는 허브이지만 다습에는 약하기 때문에 주의가 필요하다. 배수가 나쁘고 토양 중에 산소가 없는 상태가 되면 뿌리가 썩기 시작하며 말라 버리므로 주의한다.

"

화분에 재배할 경우 7호 이상의 커다란 분을 사용하고 순치기를 하여 작게 키우는 것이 좋은데 노지에서 재배하는 것과 마찬가지로 심기 전에 유기질 비료를 많이 넣어 준다.

발아 온도는 15~20도가 좋으나 파종 후 발아까지 꽤 시간이 걸리기 때문에 가을이나 이른봄에 줄기를 나누거나 꺾꽂이를 하는 것이 바람직하다. 그러나 겨울이 지나기 전까지 다 자라도록 하려면 이른봄에 파종하는 것이 좋다. 처음에 묘판에 심고 몇 번 이식하면 뿌리를 잘 내리고 튼튼한 줄기가 된다. 포기나누기는 쉬우며 봄이 적기이다.

보라색 꽃은 라벤더와 착각할 정도로 우아하게 피는데 분홍색, 흰색 등과 조화시켜 다채로운 정원을 꾸밀 수 있고 어릴 때부터 가지를 잘 쳐주면 향기 있는 생울타리를 만들 수도 있다.

쓰임새

히숍의 잎은 버드나무 잎과 닮았고 그 향은 박하향처럼 강하고 청량감이 있어 기름기 많은 육류 요리나 냄새 나는 생선 요리에 사용된다. 약간 쓴맛을 내므로 향신료로는 조금만 사용하는 것이 좋고 건조한 잎과 꽃을 요리에 쓰기도 하지만 신선한 잎을 이용하여도 좋다.

가늘게 잘라서 감자 샐러드, 스튜, 각종 소스나 소시지의 맛을 내는 데 사용하며 색을 배합하는 데에도 쓴다. 개화 전이나 건조한 꽃봉오리의 방향 성분은 각종 리큐어의 고상한 맛을 내는 데도 사용된다.

보라색, 흰색 등과 조화시켜 다채로운 정원을 꾸밀 수 있고 어릴 때부터 가지를 잘 쳐주면 향기 있는 생울타리를 만들 수도 있다.

관상용 히숍

또한 꽃을 그대로 따서 꽃바구니를 만들거나 장식용으로 이용하며 활짝 폈을 때에 줄기 밑부분을 베어 통풍이 잘 되는 응달에서 말려 보관하면 포푸리나 드라이 플라워로 훌륭하다.

히솝은 유럽에서 예부터 약초로 이용하였는데 소화 흡수를 돕는 작용이 있으며 감기나 기관지염 등의 호흡기 계통의 질환에 효과가 있다. 박하향 나는 산뜻한 차를 끓여 마시면 건위 작용과 초기 감기, 정신적 불안감과 가벼운 히스테리의 치료에 도움이 된다.

또 줄기를 욕탕에 넣은 후 목욕을 하면 피부의 청결함과 냉증 개선에 효과가 있고 세정약이나 습포약으로 사용하면 좌상(挫傷)이나 외상에도 매우 유효하다. 향수나 화장수의 원료로도 쓰이고 있다.

미래 식물로 각광 받는 허브

　기원전 유럽의 고대 국가에서부터 이용되기 시작한 허브는 최근 여러 나라에서 환경 친화적인 미래 식물로 각광을 받으며 다양하게 활용되고 있다. 오일, 식품, 포푸리, 아로마테라피, 가든 등 미용과 식생활, 의학 또는 장식품에 이르기까지 다양하게 이용되고 있기 때문에 허브에 관한 정보와 기사가 텔레비전이나 신문, 잡지 등에 자주 보도되고 있다. 이에 따라 사람들의 관심도 점차 확대되어 가고 있다.

　허브가 생활화되어 있는 유럽에서는 역사 유적지, 도심가, 지하철역, 백화점 등지에서 '건강과 미용'이라고 하는 허브 상점을 쉽게 접할 수 있으며 시장의 노점상에서도 오일, 향수, 차, 비누, 포푸리 등 많은 허브 상품들을 판매하고 있다. 또 로즈메리, 라벤더를 가로변이나 주차장, 도로의 중앙분리대, 가든의 경계, 주택에 심고 있다.

　동서고금(東西古今), 남녀노소를 불문하고 건강과 아름다움에 대한 추구는 불변하는 인간의 본능일 것이다. 우리나라도 모든 분야가 전문화 · 세

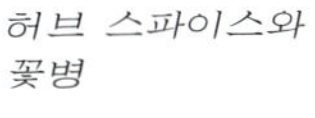
허브 스파이스와
꽃병

분화되면서 사회·경제적으로 생활 양식에 많은 변화가 일어났다. 의식주를 해결하기 위한 기본적인 욕구에서 그치는 것이 아니라 시각, 청각, 후각, 미각 등의 감각적인 욕구를 충족하고 보다 나은 환경에서 건강과 아름다움을 추구하는 질 높은 삶을 요구하게 된 것이다. 따라서 허브는 건강과 미용, 인테리어 등에 유용할 뿐만 아니라 토양 보호와 생태계 유지 등 환경 문제 해결에도 일조를 할 것이다.

허브는 가정의 식탁이나 정원, 공원, 시내의 공한지, 관광지와 국립공원에 이르기까지 그 향과 꽃으로 우리들의 정서 함양과 향기로운 생활에 커다란 기여를 할 것으로 기대된다.

부록
· 30가지 허브에 관하여

30가지 허브에 관하여

		디기타리스	딜	라벤더	레몬밤	로즈메리
원산지		유럽 서부·남부	인도, 서아시아, 지중해 연안, 이란	지중해 연안	유럽 남부, 서아시아	유럽
과 목		참깨과, 다년생 (1~1.5미터)	미나리과, 일년생 (0.6~1.5미터)	꿀풀과, 다년생 (0.15~1미터)	꿀풀과, 다년생 (0.4~1.2미터)	꿀풀과, 다년생 (1~1.8미터)
파 종		3월 초순~ 4월 하순	3월 초순~ 11월 중순	3월 하순~ 9월 하순	3월 하순~ 10월 하순	3월 하순~ 9월 하순
번식법		씨뿌리기, 포기나누기	씨뿌리기	씨뿌리기, 꺾꽂이 (2월 하순~10월 하순), 분갈이(2월 하순~11월 하순)	씨뿌리기, 꺾꽂이 (3월 중순~12월 초순), 분갈이(3월 초순~11월 하순)	씨뿌리기, 꺾꽂이 (2월 하순~10월 하순), 분갈이(3월 하순~10월 중순)
이 식		—	4월 중순~ 이듬해 1월 중순	2월 하순~ 10월 하순	3월 초순~ 12월 초순	3월 하순~ 10월 하순
개 화		6월 초순~8월 하순 (백색, 황색, 분홍)	4월 중순~8월 중순 (황색)	6월 중순~8월 초순 (자색, 분홍)	6월 하순~7월 하순 (백색)	4월 중순~6월 중순 (연분홍, 백색, 청색)
이용 부위		줄기, 잎, 꽃	종자, 줄기, 잎, 꽃	줄기, 잎, 꽃	줄기, 잎	줄기, 잎, 꽃
수 확		5월 초순~ 10월 하순	6월 초순~ 8월 하순	6월 중순~ 7월 중순	3월 하순~ 이듬해 1월 하순	4월 중순~ 12월 중순
채 종		—	—	7월 중순~ 8월 중순	7월 하순~ 8월 하순	6월 중순~ 7월 중순
재배상특성	빛	보통	보통	강한 일사 요구	보통	강한 일사 요구
	수 분	보통	보통	소량	다량	소량
	비 료	보통	보통	고형 비료 요구	보통	고형 비료 요구
	병충해	강함	강함	강함	강함	강함
	월 동	가능	가능	불가 (종류에 따라 월동)	가능	불가
	수경 재배	—	—	부적합	가능	가능
	적정 온도	보통	서늘한 장소 요구	서늘한 장소 요구, 습기·폭염에 약함	보통, 건조에 약함	보통
용 도		관상, 리스, 염료	관상, 차, 요리, 향, 포푸리, 미용	관상, 차, 향, 포푸리, 미용, 염료	요리, 차, 포푸리, 미용, 염료, 향,	관상, 요리, 향, 포푸리, 미용, 염료
효 과		강심 작용	소화기관의 진정 효과, 건위제, 구취 제거, 동맥경화 예방, 두통 제거, 당뇨병과 고혈압 환자나 어린이의 밤울음·감병에 효과.	정신 안정, 햇빛에 의한 피부 화상이나 거친 피부의 개선 효과, 살균·진정·진통 작용, 방충·안면·두통에 효과.	강장 작용, 치통의 입가심용, 설사 완화, 궤양·복통, 독버섯의 해독, 전갈과 독거미에 물렸을 때 해독 작용.	두통과 소화·항균·살균 작용에 효과적임. 혈행 촉진, 기억력·집중력 증진, 무기력·나태감·눈의 세정.

		마조람	민 트	베르가모트	보리지	세이보리
원산지		지중해 연안	유럽 남부, 유라시아, 아프리카	유럽, 아메리카	지중해 연안 (시리아)	유럽 남부, 이란
과 목		꿀풀과, 일년생·다년생(0.5~0.6미터)	꿀풀과, 다년생 (0.3~0.9미터)	꿀풀과, 다년생 (0.6~12미터)	지치과, 일년생 (0.4~1미터)	꿀풀과, 일년생, 다년생·겨울종(0.5미터)
파 종		3월 하순~ 9월 하순	3월 하순~ 9월 하순	3월 초순~ 9월 하순	3월 하순~ 10월 중순	3월 중순~ 9월 중순
번식법		씨뿌리기, 꺾꽂이 (3월 중순~11월 중순), 분갈이(3월 중순~7월 중순)	씨뿌리기, 꺾꽂이·분갈이(2월 하순~11월 하순)	씨뿌리기, 꺾꽂이·분갈이(한여름, 한겨울은 피함)	씨뿌리기	씨뿌리기, 꺾꽂이 (3월 중순~10월 하순), 분갈이(3월 초순~10월 하순)
이 식		3월 초순~ 11월 하순	2월 하순~ 11월 하순	—	4월 중순~ 10월 하순	3월 중순~ 10월 하순
개 화		6월 중순~7월 하순 (백색, 분홍)	6월 하순~8월 중순 (백색, 분홍)	4월 초순~9월 하순 (적색, 옅은 자색, 분홍, 흰색, 황색)	4월 중순~11월 하순(청색, 자색, 분홍)	6월 중순~9월 중순(백색, 청색, 연분홍, 연자색)
이용 부위		줄기, 잎	줄기, 잎, 꽃	꽃, 잎	종자, 줄기, 잎, 꽃	줄기, 잎, 꽃
수 확		3월 중순~ 이듬해 1월 하순	2월 하순~ 이듬해 1월 하순	4월 초순~ 9월 하순	4월 중순~ 12월 중순	4월 중순~ 11월 중순
채 종		7월 중순~ 8월 중순	8월 초순~ 하순	—	6월 중순~ 9월 중순	7월 중순~ 8월 중순
재배상특성	빛	다량 요구	짧은 일조 시간	보통	보통	강한 일사 요구
	수 분	소량	다량	다량 요구	보통	겨울종-소량 여름종-보통
	비 료	보통	보통	다량 요구	보통	보통
	병충해	강함	강함	강함	강함	강함
	월 동	불가	가능	가능	가능	겨울종 가능
	수경 재배	가능	적합	—	가능	가능
	적정 온도	보통	보통, 습기·폭염에 약함	보통	보통, 추위에 강함, 여름습기에 약함	겨울종-보통 여름종-고온 요구
용 도		요리, 향, 포푸리, 수공예, 염료	관상, 차, 향, 미용, 포푸리, 염료	관상, 요리, 차, 미용, 포푸리	관상, 요리, 미용, 차	관상, 요리
효 과		피부 정화, 진정·진통 작용 근육통, 정신 안정, 강장 작용. 잎은 식용 증진 소화 촉진, 위장 기능의 강화, 잎을 습포제로 쓰면 류머티스, 신경통에 효과.	살균, 소화 촉진, 건위 작용, 구취 제거, 습포제, 피부 염증·가려움증·타박상·스트레스 해소·살충·구충 효과, 집중력·기억력 증진.	숙면 효과, 꽃과 잎 침출액은 피부병·거친 피부 치료, 목욕제로서 심신을 진정시키며 아름다운 피부 유지에 효과.	간장과 방광 염증에 효과. 진통·피로회복, 해열·정화·발진·이뇨 작용	소화 촉진, 해독 작용, 위약, 입욕제는 피로 회복 효과, 거담·구풍·이뇨·구충·방부 작용, 미약으로도 사용. 냉증·갱년기 장애에 큰 효과.

		세이지	센티드제라늄	셀프힐	스위트바질	아티초크
원산지		유럽 남부, 지중해 연안	남아프리카	유럽, 아시아	열대 아시아, 아프리카, 태평양 제도	지중해 연안
과 목		꿀풀과, 다년생 (0.3~0.7미터)	고추나물과, 다년생 (0.2~0.8미터)	꿀풀과, 다년생 (0.3~0.5미터)	꿀풀과, 일년생 (0.5~0.8미터)	국화과, 다년생 (1.5~2미터)
파 종		3월 하순~ 10월 초순	3월 초순~ 10월 하순	3월 초순~ 10월 하순	3월 중순~4월 하순 (실내용) 4월 하순 ~8월 초순(노지용)	4월 초순~ 6월 하순
번식법		씨뿌리기, 꺾꽂이, 분갈이(3월 중순~ 10월 하순)	씨뿌리기, 꺾꽂이	씨뿌리기, 포기나누기	씨뿌리기, 꺾꽂이 (5월 중순~9월 하순)	씨뿌리기, 포기나누기
이 식		3월 중순~ 10월 하순	—	—	4월 하순~ 8월 중순	—
개 화		6월 초순~7월 중순 (연자색, 백색, 분홍)	4월 중순~10월 하순 (분홍, 적색, 흰색)	5월 초순~9월 하순 (분홍)	7월 중순~9월 하순 (적자색, 백색)	6월 초순~8월 하순 (분홍)
이용 부위		줄기, 잎, 꽃	꽃, 잎, 줄기	잎, 줄기, 꽃	줄기, 잎	꽃
수 확		4월 중순~ 12월 하순	4월 중순~ 10월 하순	6월 중순~ 9월 하순	5월 하순~ 11월 중순	6월
채 종		7월 중순~ 8월 중순	—	떨어진 종자로 번식	9월 중순~ 11월 중순	—
재배상 특성	빛	강한 일사 요구	보통	보통	강한 일사 요구	보통
	수분	소량	소량	보통	보통	보통
	비료	보통	다량 요구	다량 요구	다량 요구	다량 요구
	병충해	강함	보통	강함	보통	강함
	월동	불가	불가	불가	불가	불가
	수경 재배	가능	—	—	가능	—
	적정 온도	고온·호기성 요구	보통, 추위에 약하고 고온을 싫어함	보통	고온 요구	고온 요구
용 도		관상, 차, 요리, 향, 포푸리, 미용, 염료	향, 관상, 요리, 차, 포푸리, 미용	관상	관상, 요리, 향, 포푸리, 염료, 수공예	관상, 요리
효 과		궤양·상처·거친 피부·스트레스 해소 효과. 정신 안정, 강장·해열·살균 작용, 입안 소독·통경, 이담, 혈당 강하, 항발진 작용, 중세에 전염병 예방 등.	기분을 맑게 하여 정신적 피로를 해소, 피부염과 동상에 좋음. 피부의 유지·균형 작용, 모기 등의 방제 효과.	잎, 줄기, 꽃 분말을 이뇨제로 사용. 침출액은 구내염이나 편도염에 좋고 신장염의 이뇨약으로서 사용, 입가심용, 결막염 등에 높은 효과.	신경 강장제. 장거리 운전, 수험생에게 높은 효과. 살균, 항염증, 피로 완화, 구취 제거, 목욕제는 정신 고양, 피로 회복, 피부 미용에 효과.	간장·위장에 좋음, 폐장·신장과 비만·류머티스·천식에 좋으며 각종 성인병 예방에도 소량으로 상식함.

		안젤리카	야로우	오레가노	차 빌	차이브
원산지		유럽 북부, 동서아시아	유럽, 아시아, 아메리카	유럽, 서남 아시아	남러시아, 코카서스, 서아시아	시베리아, 유럽, 일본 북해도
과 목		미나리과, 다년생 (2미터)	국화과, 다년생 (0.6~1미터)	꿀풀과, 다년생 (0.3~0.9미터)	미나리과, 일년생 (0.3~0.6미터)	백합과, 숙근성 (0.2~0.3미터)
파 종		봄, 가을	4월 초순~ 9월 하순	3월 하순~ 10월 초순	2월 하순~ 11월 중순	4월 하순~ 7월 중순
번식법		씨뿌리기, 포기나누기	씨뿌리기, 꺾꽂이 (4월 중순~10월 하순), 분갈이(3월 하순~10월 하순)	씨뿌리기, 꺾꽂이(3월 초순~10월 하순), 분갈이(3월 초순~11월 중순)	씨뿌리기	씨뿌리기, 분갈이 (3월 중순~ 11월 초순)
이 식		—	—	3월 초순~ 11월 하순	—	3월 중순~ 7월 하순
개 화		4월 초순~8월 하순 (황록백색)	6월 하순~8월 초순 (백색, 황색, 분홍, 적색)	6월 중순~7월 하순 (연자색, 분홍)	3월 하순~8월 초순 (백색)	6월 중순~7월 하순 (적색, 자색, 분홍)
이용 부위		전체	꽃, 잎, 줄기	꽃, 잎, 줄기	잎, 줄기	꽃, 잎, 줄기
수 확		4월 초순~ 8월 하순	5월 초순~ 11월 하순	4월 중순~ 이듬해 1월 하순	10월 중순~ 이듬해 7월 중순	4월 중순~ 12월 중순
채 종		—	—	7월 하순~ 8월 하순	5월 하순~ 8월 중순	7월 중순~ 8월 하순
재배상 특성	빛	보통	보통	강한 일사 요구	보통	보통
	수 분	보통	보통	보통	다량	보통
	비 료	보통	보통	보통	보통	보통
	병충해	강함	강함	강함	강함	강함
	월 동	—	가능	가능	—	가능
	수경 재배		가능	가능	적합	적합
	적정 온도	저온 요구	보통	보통, 추위에 강함	서늘한 장소 요구, 건조·폭염에 약함	보통
용 도		향, 요리, 차	관상, 요리, 염료, 린스·샴푸	관상, 요리, 향, 포푸리, 미용, 염료	요리, 미용	관상, 요리
효 과		진정·강장·건위·구풍약으로 사용, 피부 조직 강화, 소화 촉진, 악취 방지 등에 효과.	외상치료(즙), 설사·발열·감기·어린이 습진·창상 등에 이겨 바름, 말린 잎을 다려 마시면 식욕 증진·허약체질에 효과. 강장제.	간장·이뇨·진정·살균 작용, 피부 정화·피부염증·거친 피부에 효과적. 건위제, 식욕 증진. 뱀·전갈의 해독제로 쓰이며 집안의 개미 침입을 방지함.	진통, 소염 작용, 욕제와 습포제로 상처와 염증 치료, 거친 피부에 효과. 탈모 방지, 주름살 예방, 세정 효과.	강장 효과

	캐모마일	코리안더	콘플라워	타라곤	타 임
원산지	유럽	지중해 연안	지중해 연안, 서아시아	유럽 동부, 서아시아	유럽 남부, 지중해 연안
과 목	국화과, 다년생 (0.3~0.6미터)	미나리과, 일년생 (0.6~0.9미터)	국화과, 일·이년생 (0.6미터)	국화과, 다년생 (0.5~0.9미터)	꿀풀과, 다년생 (0.15~0.2미터)
파 종	3월 초순~ 11월 중순	2월 하순~ 11월 초순	3월 초순~ 10월 하순	봄, 가을	3월 하순~ 10월 초순
번식법	씨뿌리기, 분갈이	씨뿌리기	씨뿌리기	꺾꽂이(3월 중순~ 6월 중순), 분갈이 (2월 하순~11월 하순)	씨뿌리기, 꺾꽂이 (3월 하순~11월 초순), 분갈이(3월 하순~11월 하순)
이 식	—	—		2월 하순~ 11월 중순	3월 중순~ 11월 하순
개 화	5월 초순~ 11월 하순	5월 초순~12월 중순 (백색, 분홍)	5월 초순~6월 하순 (청색, 흰색, 분홍, 적색)	7월 하순~8월 중순 (백록색)	5월 초순~11월 중순 (백색, 분홍, 적색)
이용 부위	꽃	종자, 줄기, 잎, 뿌리	꽃, 잎, 줄기	줄기, 잎	줄기, 잎, 꽃
수 확	5월 초순~ 11월 하순	4월 중순~ 12월 중순	5월초순~ 6월 하순	3월 하순~ 11월 하순	4월 하순~ 12월 하순
채 종	6월 초순~ 8월 중순	5월 하순~ 12월 중순	—	—	6월 하순~ 7월 하순
재배상 특성	빛	보통	보통	보통	강한 일사 요구	강한 일사 요구

재배상 특성		캐모마일	코리안더	콘플라워	타라곤	타 임
재 배 상 특 성	빛	보통	보통	보통	강한 일사 요구	강한 일사 요구
	수 분	보통	보통	보통	소량	소량
	비 료	보통	보통	다량 요구	보통	보통
	병충해	강함	강함	강함	강함	강함
	월 동	가능	가능	—	가능(러시안타라곤)	가능
	수경 재배	가능	가능	—	가능	가능
	적정 온도	보통, 저온에 약함	서늘한 장소 요구	보통	서늘한 장소 요구	고온성, 고온 건 조, 저온에 약함
용 도		관상, 차, 포푸리, 미용, 염료, 향	요리, 향, 포푸리	관상, 포푸리, 미용, 요리, 차	요리, 차, 포푸리, 향	관상, 차, 요리, 향, 포푸리, 미용, 염료
효 과		진정 작용, 불면증, 냉증·발열에 효 과, 습진·감염증, 피부의 세정 효과.	중세 때 미약·최 음제로 사용. 강장 제, 건위제, 기침· 구취·토기 방지용. 종자는 위액 분비 와 소화 촉진 작용, 습포제로 류머티스, 관절염에 효과.	약리 효과로서 부드 럽게 스며드는 작용 과 이뇨 작용. 세 안·세정 효과, 기관 지염·기침, 간장병 에 좋음.	차는 식욕 증진, 건 위제, 소화 불량· 명치 언저리가 쓰 리고 아픈 데, 복부 팽만에 좋고 습포 제로 류머티스·관 절염에 효과.	위장·호흡기 계통 에 유용. 구충약, 입 가심용, 강한 살균 력, 정신 건강, 피부 강장, 피부 정화· 피부병 치료, 감기 예방, 인후 통증에 효과.

		탄 지	포트마리골드	헬리오트로프	펜 넬	히 솝
원산지		유럽	유럽 남부, 지중해 연안	남미(페루, 칠레)	지중해 연안	유럽 남부, 중앙 아시아
과 목		국화과, 다년생 (1~1.2미터)	국화과, 일·이년초 (0.6~0.7미터)	지치과, 다년생 (0.3~0.5미터)	미나리과, 일년생과 다년생(0.8~2미터)	꿀풀과, 다년생 (0.3~0.5미터)
파 종		3월 초순~ 6월 하순	3월 초순~ 4월 하순	3월 초순~ 6월 하순	2월 중순~ 10월 하순	3월 하순~ 9월 하순
번식법		씨뿌리기, 포기나누기	씨뿌리기	씨뿌리기, 꺾꽂이, 포기나누기	분갈이 (3월 중순~11월 중순)	씨뿌리기, 꺾꽂이 (3월 중순~10월 하순), 분갈이 (3월 하순~10월 하순)
이 식		—	—	—	—	3월 초순~ 10월 하순
개 화		7월 초순~9월 하순 (황색)	4월 중순~9월 하순 (황색, 주황)	6월 초순~9월 하순 (자색, 등색, 흰색)	5월 초순~8월 초순 (황색)	6월 중순~7월 하순 (백색, 청색)
이용 부위		줄기, 잎, 꽃	잎, 꽃	꽃	전체	줄기, 잎
수 확		7월 초순~ 9월 하순	4월 초순~ 9월 하순	6월 초순~ 9월 하순	3월 하순~ 12월 하순	5월 초순~ 11월 하순
채 종		—	—	—	6월 중순~ 8월 중순	7월 중순~ 8월 중순
재배 상 특성	빛	강한 일사 요구	보통	보통	보통	강한 일사 요구
	수 분	보통	다량 요구	보통 (겨울에는 소량)	보통	소량
	비 료	다량 요구	다량 요구	다량 요구	다량 요구	보통
	병충해	강함	진드기에 주의	강함	강함	강함
	월 동	가능	—	불가	불가	가능
	수경 재배	—	—	—	가능	가능
	적정 온도	보통, 저온에 강함	보통	보통	서늘한 장소 요구	보통, 추위에 약함
용 도		염료, 향, 포푸리	관상, 미용, 향, 포푸리, 요리, 염료, 차	관상, 향, 포푸리	관상, 차, 요리, 향, 포푸리, 미용	관상, 차, 요리, 향, 포푸리
효 과		살충·살균 효과, 방부·방충 효과.	소화 불량 해소 위궤양·십이지장궤양 치료 효과. 피부염과 모든 상처, 염증, 종기, 지혈 효과. 외상·화상·가벼운 동상의 습포제·도포제. 생리통 완화, 생리 불순에 효과.	인후통의 치료제.	위장약의 원료. 향에는 정신 고양·스트레스 해소·소화 기능 촉진·다이어트·숙취에 효과. 차는 갱년기 증상을 완화. 여성병, 식욕 증진, 건위, 속쓰림에 효과.	감기, 기관지염 등 호흡기 질환에 이용. 습포제는 좌상, 화상에도 효과. 강장제, 건위제, 류머티스 치료용, 피부의 청정·냉증에 유효. 차는 히스테리에 효과.

참고 문헌

조태동, 「허브(Herb)를 이용한 地域開發方案의 研究」, 충청북도, 1996.
———— , 「허브를 이용한 지역 개발 방안」,
, 「허브원을 통한 자연 환경 보존 및 농촌 지역 활성화 효과」,
, 「영국의 시싱허스트가 주는 지역 활성화 효과」,
, 「허브를 이용한 일본의 지역 경제 활성화에 관한 연구」,
, 「지역 경제 활성화를 위한 충청북도 하브 정책 수립 및 적용에 관한
연구」

三島史郎, 『ハーブ ガーテン』, 誠文堂新光社, 日本, 1990.
桐原春子 外, 『ハーブの花 アルバム』, 誠文堂, 1992.
友田淳子, 『ハーブ 美容と健康』, 誠文堂, 1992.
廣田 子, 『南 プロバンスのハーブたち』, 文化出版局, 1993.
永野万壽子, 『花のプレゼント』, 同朋舍出版, 1994.
桐原春子, 『ハーブ花ごよみ』, 誠文堂, 1994.
山下映子, 『わたしの プロバンス』, 誠文堂, 1994.
飯田 隆, 『Herb』, 朝日新聞社, 1994.
ハーブ編集部, 『HERB 選書 芳香ハーブ』, 誠文堂新光社, 1994.

——————— , 『HERB 選書 染色ハーブ』, 誠文堂新光社, 1994.

——————— , 『HERB 選書 花ハーブ』, 誠文堂新光社, 1994.

——————— , 『HERB 選書 料理用ハーブ』, 誠文堂新光社, 1994.

——————— , 『HERB 選書 藥草ハーブ』, 誠文堂新光社, 1994.

『花圖鑑 Herb』, 草土出版, 1995.

桐原春子, 『芳香ハーブ』, 誠文堂, 1995.

マギーデイスランド, 『ラベンダーのすべて』, Fragrance Journal Ltd., 1995.

神藏嘉高, 『世界のハーブと花紀行』, 誠文堂新光社, 1995.

『Herb, Herb 2』, 誠文堂, 1996.

大貫 茂, 『香りの花旅』, 誠文堂, 1996.

堀內 昭登, 『四季のハーブ』, 山梨日日新聞社, 1996.

廣田親子, 『ハーブ アイテム』, NHK出版, 1996.

ロバート デイスランド-, 『ホリステイク アロマテラピー』, Fragrance Journal Ltd., 1996.

桐原春子, 『英國のハーブと庭』, 誠文堂新光社, 1996.

Herb Island, Herb Index, 1988.

Bremness Lesley, *The Complete Book of Herbs*, Viking Studio Books, America, 1989.

Lois Vickers, *The Scented Lavender Book*, EBURY PRESS, 1991.

Holt' s Geraldene, *Complete Book of Herbs*, Conran Octopus, America, 1993.

Tony Lord, *Gardening at Sissinghurst*, Frances Lincoln, 1995.

Peter McHoy, *The Practical Gardening Encyclopedia*, Abbeydale Press, 1996.

한국의 허브

글 · 사진 조태동

한국 허브의 아버지 조태동 교수의 허브 도감.
이 책은 한국에서 자라는 허브 250여 가지의 종류
와 용도에 관한 설명을 컬러 사진을 곁들여 상세
하게 설명하고 있다. 이 책은 도감편, 활용편, 부
록인 표와 찾아보기로 크게 세 부분으로 나누어
설명하고 있다. 도감편은 생육 특성과 쓰임새를
서술, 활용편은 공예 · 차 · 요리 · 술 · 미용 · 목
욕 기타로 분류하여 구체적인 활용 방법을 제시,
부록으로 실은 표로 보는 한국의 허브 264종에서
는 이 책에 실린 모든 식물에 대해 요약 정리하였
다. 그리고 병증 · 작용별 찾아보기와 전체 찾아보
기에는 한자를 넣어 이해를 돕고 있다.

야생화 기행

글 · 사진 김태정

노루오줌, 마타리, 금마타리, 기린초, 물레나물,
염아자, 둥근이질풀, 잔대, 동자꽃, 양지꽃 등 우
리 주변에서 거의 사라지고 없는 우리의 토종식물
들이 비무장지대에서는 그 아름다운 모습들을 고
스란히 드러내고 있다. 물론 우리 꽃이 아닌 원예
종으로 외지에서 들어와 버젓이 자라고 있는 외래
식물들도 간혹 볼 수 있다. 이제는 이 책에 실린
사진으로밖에 볼 수 없는 종들도 생겨나고 있다.
이 책에서는 이렇듯 휴전선 155마일에 이르는 저
자의 탐사 코스를 따라가면서, 아직도 미묘한 긴
장감이 흐르는 휴전선 철조망 주위로 피어난 야생
화들의 눈부신 향연을 감상해 볼 수 있다.

빛깔있는 책들